TRAITÉ

D'OPTIQUE MECHANIQUE,

Dans lequel on donne les régles & les propor-
tions qu'il faut obferver pour faire toutes
fortes de Lunettes d'approche , Microfcopes
fimples & compofés, & autres Ouvrages qui
dépendent de l'Art.

Avec une inftruction fur l'ufage des Lunettes ou
Conferves pour toutes fortes de vûes.

Par M. THOMIN , *Ingénieur en Optique,*
de la Société des Arts.

A PARIS,

Chez { JEAN-BAPTIST COIGNARD.
{ ANTOINE BOUDET, rue S. Jacques.

MDCCXLIX.
Avec Approbation & Privilege du Roi.

A MONSEIGNEUR

LE CHANCELIER

GARDE DES SCEAUX DE FRANCE.

MONSEIGNEUR,

LE Traité que j'annonce aujour-
d'hui a cela de commun avec plusieurs
excellents Ouvrages, qu'il doit son ori-
gine au zéle de VOTRE GRANDEUR
pour le bien public & la perfection
des Sciences & des Arts. Je n'aurois jamais eu la hardiesse de l'entre-
prendre, si je n'avois pas été encouragé
par les ordres dont vous m'avez honoré.
J'ose vous l'offrir, MONSEIGNEUR,
ce fruit de mes Expériences & de mes

EPITRE.

réflexions, comme un témoignage de mon obéissance. Il est assez considérable par l'importance de la matiere, dès-là que vous l'avez jugé digne de vos attentions. Paroissant sous vos Auspices, mon insuffisance peut seule en diminuer le prix.

Cette derniere circonstance m'interdit l'éloge des Vertus éclatantes, & des Lumieres supérieures qui vous assûrent dans l'Empire des Lettres un rang égal à celui que vous occupez dans la Magistrature; mais elle ne sçauroit affoiblir la vive admiration, & le profond respect avec lesquels j'ai l'honneur d'être,

MONSEIGNEUR,

DE VOTRE GRANDEUR,

Le très-humble & très-obéissant
Serviteur, M. M. THOMIN.

PREFACE.

TOut ce que les plus sçavans Auteurs ont jusqu'à présent écrit sur l'Optique, appartient moins à la Pratique qu'à la Théorie. J'ai entrepris de suppléer à ce défaut, en réduisant en préceptes les proportions & les combinaisons nécessaires pour la construction des Verres optiques, à mesure que l'expérience m'en démontroit la justesse. Dans l'exécution de ce dessein, j'ai eu principalement en vûe, ceux d'entre les Artistes qui ont besoin d'être instruits, pour suivre avec méthode & avec connoissance les divers procédés qui appartiennent à leur profession.

Il eſt certain que la plûpart des Ouvriers ignorent juſqu'aux termes de leur Art. Pour me mettre à leur portée, j'ai évité, autant que je l'ai pû, de me ſervir des expreſſions ſçavantes, inuſitées parmi eux : & lorſque la néceſſité m'a contraint d'en employer quelques-unes, j'ai pris ſoin de les expliquer. Cet Ouvrage, qui eſt extrémement abrégé, quoiqu'inférieur à ceux que les grands Maîtres ont écrit ſur cette matiere en différentes langues, ne laiſſera pas d'être utile aux Artiſtes qui ont du talent, & qui ne ſçavent que le François : car j'ai tranſporté ici une infinité de connoiſſances éparſes dans les Livres étrangers qui n'ont pas été traduits, ou dont les Exemplaires ſont très-rares.

Un Livre tel que celui-ci ne peut ſe paſſer de Planches & de

démonſtrations ; mais je ne les ai
employées que dans les cas, où relativement au méchaniſme, l'exactitude des opérations exigeoit l'intelligence de certaines proportions de Géometrie, néceſſairement
liées avec les principes de l'Optique. Hors de-là j'ai cru devoir
épargner à mes Lecteurs la peine
& le dégoût de comparer ſans
ceſſe les figures avec le diſcours,
& de parcourir les lettres alpha-
betiques qui les accompagnent :
exercice qui demande un genre
d'application dont quelques-uns
ne ſont pas capables.

Peu verſé dans l'Art d'écrire,
& uniquement occupé des recherches qui pouvoient me conduire
à la perfection du Méchaniſme
de ma profeſſion, on ne ſera pas
ſurpris que j'aye négligé cette partie, où les Auteurs François ex-

a iv

cellent aujourd'hui , & qui eſt ſi
propre à attacher le Lecteur , je
veux dire la pureté de la diction ,
& les graces du ſtyle. Comme c'eſt
l'intérêt public qui m'a engagé à
mettre cet Ouvrage au jour , de
même que les Réflexions qui en
compoſent la ſeconde Partie ,
j'eſpere qu'on me fera grace ſur
l'élocution. Mais quant à ce qui
regarde le fond & l'objet de mon
Art , je prie les Connoiſſeurs de me
juger dans la plus grande ſévérité.
J'ai pû me tromper, & je ne préſu-
me pas aſſez de mes lumieres , pour
douter que je ne me ſois effectivement trompé en quelques points :
il eſt important que mes fautes
en ce genre ſoient relevées. Une
critique vraie , loin de me chagri-
ner , me cauſera d'autant plus de
joie , qu'elle concourra plus ſûrement au but que je me ſuis pro-

pofé, qui eft d'une part, l'inftruction des Artiftes; & de l'autre,
la multiplication des connoiffan-
ces néceffaires au Public fur l'ufage
journalier des Lunettes. Leur
choix eft d'autant plus important,
qu'on ne fçauroit fe procurer par
elles un véritable & folide fecours
en les prenant au hazard; il faut
avoir égard à la difpofition actuelle
de l'organe, & fe proportionner à
fes befoins : fans cette attention on
s'expofe à des inconvéniens qui
rendent les Lunettes nuifibles plûtôt qu'avantageufes, ou qui mettent avant le tems dans la néceffité d'y avoir recours.

Pour ne rien laiffer à défirer fur
cet article, j'indique des moyens
fimples & naturels de conferver
fa vûe, & de fe conduire foi-même dans le choix des Lunettes,
lorfque l'âge, les infirmités, ou

les occupations d'état nous y obligent. On trouvera à la fin de ce Traité une diſſertation ſur le retabliſſement de la vûe dans quelques ſujets âgés. L'explication de ce Phénomene fournira un motif de conſolation ou d'eſpérance à ceux qui craignant le dépériſſement total de leur vûe, ne peuvent ſe reſoudre à porter des Lunettes.

Je termine mon Ouvrage par l'expoſition de trois difficultés, dont la ſolution peut jetter de grandes lumieres ſur le travail des Artiſtes, & rectifier les jugemens du Public. Il me paroît même que la perfection de la Dioptrique-pratique en dépend. J'oſe eſpérer que les Sçavants, animés du zéle du bien commun, voudront bien prendre la peine d'examiner & de réſoudre ces trois Problêmes.

Depuis la publication d'un Essai que j'ai donné en 1746. pour servir d'instruction sur l'usage des Lunettes, j'ai vû avec satisfaction que plusieurs personnes n'en portoient plus, parce qu'elles ont compris que cet usage étoit prématuré à leur égard ; d'autres ont changé d'avis sur le choix des Lunettes, & ont appris à discerner celles qui leur convenoient. Il y a des particuliers, sur-tout de la Province, qui se sont exercés avec succès à déterminer la portée de leur vûe, & sont ainsi devenus capables de juger par eux-mêmes, si les Lunettes qu'ils faisoient venir de Paris, étoient proportionnées à leurs besoins.

C'est pour étendre & perfectionner ce premier Ouvrage, que j'ai composé celui que je donne aujourd'hui, qui, comme je l'espere , produira des fruits encore plus confidérables. J'aurois voulu le donner plûtôt; mais les occupations indifpenfables de ma profeffion m'ont obligé de différer l'exécution de mon projet.

TRAITÉ

TRAITÉ

D'OPTIQUE MECHANIQUE.

NOTIONS PRELIMINAIRES.

De l'Optique.

L'OPTIQUE eſt la ſcience de la viſion ; elle fait partie des Mathématiques , en ce que toutes ſes opérations dépendent du cercle & de l'angle : cette ſcience nous enſeigne de quelle maniere la viſion ſe fait dans l'œil, ſon nom eſt tiré d'un mot Grec qui ſignifie voir , regarder; comme il y a trois ſortes de de visions, l'Optique est divisée en trois espèces ; l'Optique proprement dite, la Catoptrique & la Dioptrique. Il me paroît à propos, avant de parcourir les membres de cette division, de donner une idée générale du cercle & de l'angle, pour servir en quelque sorte de prélude géométrique à tout ce que nous allons dire des opérations & des instrumens de la Catoptrique & de la Dioptrique, notions nécessaires & relatives à l'Optique pour entendre plus parfaitement le méchanisme de l'art, composé des deux dernieres parties de notre division, qui peuvent être spéculatives ou pratiques ; spéculatives si l'on entreprend de donner les raisons de leurs effets, & pratiques si elles prescrivent des régles, & donnent des proportions pour parvenir à l'exécution ; c'est de ces deux façons que je me suis proposé de traiter cette science ; il seroit à souhaiter que les Artistes possédassent l'une & l'autre.

Idée du cercle en général.

Le *cercle* est une figure comprise sous une seule ligne. Voyez la premiere figure de la premiere planche A. A. en un cercle ; le point B. qui est au milieu est appellé *centre*. Le centre est également éloigné de tous ces points de la *circonférence* A. C. A. D. Les lignes que l'on tire de ce point sont toutes égales entre elles. Tout cercle se divise en 360 parties appellées degrés. Ces parties sont toutes proportionnelles ; c'est-à-dire, plus grandes dans les grands cercles , & plus petites dans les petits. 180. degrés font par conséquent le demi - cercle , & 90. le quart du cercle.

On entend par *diametre* du cercle une ligne comme C. D. qui du point C. de la circonférence passent par le centre B. & s'étend jusqu'à l'autre point D. de la même circonférence ; la moitié B. D. ou B. C. s'appelle *demi-diametre* ou rayon. Le rayon donne la

A ij

mefure du cercle entier. Les lignes
infcrites dans le cercle & qui ne paffent pas par le centre, font appellées
cordes, & fervent à terminer des *arcs
de cercle* de différentes grandeurs. Voyez
figure II. 1re planche. Un compas dont
les deux pointes font écattées felon la
longueur du demi-diametre A. B. d'un
cercle quelconque, fett à former des
arcs de cercle pour avoir des calibres
de toutes efpèces, comme on le dira
dans la fuite en parlant des inftrumens
propres à exécuter les ouvrages d'Optique.

Idée de l'angle en général.

L'angle eft le concours de deux lignes à un point, comme A. C. & B. C.
au point C. figure II. de la 1re planche.
La grandeur de l'angle A. C. B. ne dépend pas de la grandeur des lignes qui
le forment, mais de leur ouverture, laquelle fe mefure par la quantité de l'arc
de cercle qu'elle comprend. Ainfi l'arc
A. B. eft la mefure de l'angle A. C. B.

de forte qu'en fuppofant les lignes A. C.
& B. C. plus grandes ou plus petites,
la quantité de l'angle A. C. B. refte toujours la même.

Tout cercle étant également divifé
en 360 degrés, quand l'arc compris entre les côtés de l'angle eft de 90 degrés,
l'angle eft droit; quand il en a plus de
90, il eft obtus; quand il en a moins, il
eft aigu. Tout angle eft plan ou folide.
Le plan eft formé par la rencontre de
deux lignes ou de deux fuperficies planes. Le folide eft fait de 3. fuperficies
planes. L'angle plan eft ou rectiligne,
ou curviligne, ou mixte. Le rectiligne eft formé de deux lignes droites. Le
curviligne de deux courbes, par exemple de deux arcs de cercle qui fe coupent, tels font les angles d'un verre
convexe des deux côtés. Voyez la III.
figure 1re planche. Le mixte eft fait d'u-
ne ligne droite & d'une ligne courbe, tel
que ceux d'un verre plan d'un côté, &
convexe de l'autre, figure IV. On traite
encore en Optique de trois fortes d'an-

A iij

gles ; angle d'incidence , angle de réflexion , & angle intérieur de vifion. Nous en parlerons dans le corps de cet Ouvrage. Voilà tout ce que je puis dire de plus clair & de plus précis. Difons maintenant quelque chofe de la lumiere, afin de rendre la définition de l'Optique plus fenfible. Il y a trois chofes à confidérer dans la lumiere par le moyen de laquelle fe fait la vifion : ce font la propagation, la réflexion, & la réfraction.

La propagation de la lumiere eft l'action par laquelle elle fe répand fur toutes fortes d'objets.

La réflexion eft l'action par laquelle la lumiere répandue fur les objets, rejaillit à nos yeux.

La réfraction eft l'action par laquelle la lumiere qui paffe obliquement d'un milieu dans un autre, de l'air, par exemple, fur le verre, fe détourne plus ou moins de la ligne droite, en s'approchant ou s'éloignant de la perpendiculaire. Voyez la figure du verre convexe, & celle du verre concave, elles vous rendront l'une & l'autre, cette derniere action de la lumiere plus fenſible, figure V. & VI. 1ᵉ planche.

Les rayons de lumiere A. A. figure V. qui viennent de l'air tomber fur le verre convexe B. B. fe briſent deux fois; 1°. en entrant par C. C. 2°. en fortant par D. D. & en s'approchant les uns des autres, s'approchent de l'axe E F. On appelle axe le rayon qui tombe perpendiculairement, & qui par conféquent ne fouffre point de réfraction. Ces mêmes rayons de lumiere continuent de s'approcher les uns des autres, lorſqu'en fortant ils s'éloignent de la perpendiculaire D. D. On entend ici par perpendiculaire, une ligne droite tirée du centre du verre. Le point de réunion F. où ils fe croiſent, eſt la pointe du foyer du verre, qui produit le même effet d'un côté comme de l'autre. Cette réunion s'appelle *convergence de rayons.*

A l'égard du verre concave, figure
VI. 1ʳᵉ planche, les rayons paralleles
de la lumiere G. G. qui entrent dans
le verre H. H. s'éloignent les uns des
autres en s'éloignant de l'axe I. I. &
s'approchant de la perpendiculaire K.
Lorſque ces mêmes rayons ſortent, ils
continuent de ſ'éloigner les uns des autres en s'écartant de l'axe I. I. & de la
perpendiculaire L. L. Cet écart s'appelle *divergence de rayons.*

C'eſt la différente réſiſtance des milieux qui eſt cauſe que les rayons obliques de lumiere paſſant d'un milieu
dans un autre, s'éloignent ou s'approchent de la ligne perpendiculaire, qu'on
conçoit tirée du centre de la courbure
des verres dioptriques. Revenons maintenant à la premiere partie de notre di-
viſion.

L'Optique proprement dite, conſi-
dere la viſion qui ſe fait par des rayons
de lumiere qui viennent directement &
immédiatement de l'objet à l'œil, figure
VII. A. A. eſt l'objet d'où partent les

rayons de lumiere qui viennent frapper l'œil de celui qui regarde. B. eſt la pointe de l'angle que forment les rayons de lumiere qui partent du haut & du bas de cette tour. Plus nous en ſommes éloignés, plus elle nous paroît petite, parce qu'alors ces rayons forment un angle plus petit. Si nous approchons vers C. elle nous paroîtra beaucoup plus grande, parce que *l'angle de réflexion* va en s'élargiſſant à meſure que l'objet s'approche de nous, ou que nous nous approchons de lui, dans la *Catoptrique*, la viſion ſe fait des rayons qui ne vont pas immédiatement de l'objet à l'œil, mais qui n'y arrivent que par la réflexion de quelqu'autre corps, comme d'un miroir dont le propre eſt de réflechir. L'image des objets, voyez figure VIII. 1ʳᵉ planche. A eſt le miroir B. C. & B. E. ſont les rayons de lumiere qui partant du viſage B. B. de celui qui s'y regarde peignent ſon viſage ſur le miroir; d'où étant réflechis par l'oppoſition du miroir, (qui eſt une

glace étamée par derriere, pour empêcher fes rayons de paffer outre,) ils reviennent à l'œil de la perfonne B. B.
On fuppofe en Catoptrique que l'angle
de réflexion eft égal à l'angle d'incidence ; c'eft-à-dire, que fi le rayon
B. E. tombant obliquement fur la furface plane C. C. forme avec cette furface l'angle B. E. C. de 80 degrés;
l'angle de réflexion C. E. B. fera pareillement de 80 degrés. A l'égard des
rayons perpendiculaires, tels que B. C.
ils fe réflechiffent fur eux-mêmes.

La Dioptrique traite des rayons brifés, & elle nous dirige dans la conftruction des Lunettes. Nous venons d'apprendre qu'un rayon de lumiere paffant
obliquement d'un milieu dans un autre,
fe détourne en s'éloignant, ou en s'approchant de la perpendiculaire; il s'en
éloigne, fi le milieu dans lequel il entre eft plus difficile à pénétrer que celui
d'où il fort ; mais il s'en approche, fi le
milieu dans lequel il paffe eft plus aifé à
pénétrer que celui qu'il quitte : ainfi la

Dioptrique traite des routes de la lumiere à travers les corps transparens.

CHAPITRE PREMIER.

Des Instrumens dont on fait usage pour les opérations qui dépendent de l'Optique.

LE principal instrument pour la construction des verres optiques s'appelle bassin; il y en a de deux sortes. Les uns sont concaves, & les autres convexes. Les premiers ressemblent à l'intérieur d'une calote, & les seconds à l'extérieur. Les uns servent à figurer des verres convexes, & les autres des concaves : Voyez figures IX. & X. Les + Pl. 2. uns & les autres font partie d'un cercle plus ou moins grand, selon le foyer que l'on veut donner aux verres. Si on veut, par exemple, des verres de 12 pouces de foyer, il les faut travailler dans un bassin de douze pouces. Or

comme le foyer d'un baſſin ſe trouve
à la diſtance de deux fois le rayon de ſa
courbure, pour connoître ce foyer
il ne s'agit que de connoître la meſure
du diametre de cette courbure. Nous
montrerons un peu plus bas la maniere
de trouver ce diametre, qu'il ne faut
pas confondre avec ce que nous appellons le diametre ou calibre du baſſin;
c'eſt-à-dire, avec la ligne droite, qui
ſert de corde à l'arc de ſa courbure;
car on fait rarement des baſſins d'un
calibre égal au diametre entier du
cercle dont ils font partie. Il s'enſuit
de ce que l'on vient de dire, que pour
conſtruire un baſſin, il faut d'abord déterminer la grandeur du foyer que l'on
veut lui donner. Voyez fig. XI. & XII.
de la 1ʳᵉ planche. Le foyer une fois déterminé, vous tracez un arc de cercle
d'une corde quelconque, (qui néanmoins ne peut jamais excéder le diametre du cercle entier,) ſur un carton
fin qu'il eſt néceſſaire de couper entierement, pour en donner un *calibre*

juste à un Tourneur, qui à mesure qu'il dégrossit l'intérieur du morceau de bois dont il veut faire le modéle, doit appliquer le calibre donné, jusqu'à ce qu'enfin la portion du cercle du calibre porte également par-tout d'un point de la circonférence du modèle au centre, & du centre à l'autre point opposé de la circonférence; enforte qu'il n'y ait pas le moindre vuide entre le calibre donné & le modéle figuré, placé par opposition l'un fur l'autre. Cela fait, donnez votre modèle à un Fondeur en cuivre, pour mouler dessus un bassin. Vous en aurez un au fortir de la fonte qui fera du foyer dont vous aurez donné le calibre.

La chaleur de la fonte occasionnant nécessairement certaines inégalités ou élevations des petites parties de la matiere, pour plus grande régularité, & afin d'avoir des bassins propres à façonner & finir promptement des verres, il est à propos de les mettre entre les mains d'un habile Tourneur, pour réformer ces inégalités sur le tour, ce qui se fait par la confrontation du calibre aux bassins. Je ne connois personne dans Paris plus capable de dresser un modéle & tourner un bassin que Mr. Hezette, Maître Tabletier à l'Image S. Charles, au coin du Quai de l'Horloge du Palais, vis-à-vis le Méridien de la Ville, dont j'indique la demeure à ceux qui peuvent l'ignorer, pour leur procurer l'avantage que j'ai moi-même retiré de la connoissance de cet habile Artiste : avec des bassins sortis de ses mains, on sera plus sûr de la justesse du foyer : que si l'on prend le parti que prennent certains ouvriers, qui consiste à dégrossir les verres avec du grais ou de l'émery, en supposant même que cette opération se fît dans la derniere régularité, ensorte que la main n'appuyât pas plus d'un côté que de l'autre, (défaut assez commun parmi bien des gens qui ont le secret de rendre très-défectueuse la courbure du bassin le plus exact,) on ne pourra jamais s'assurer de conserver le même foyer du baſſin que l'on veut avoir, à moins qu'on ne figure pluſieurs verres, & qu'on n'applique ſouvent le calibre au baſſin, pour ôter les inégalités de l'élevation de la matiere, ce qui n'eſt pas le chemin le plus court.

A l'égard des baſſins convexes, ce que nous venons de dire des concaves ſervira de régles pour les figurer. L'arc du cercle extérieur du carton découpé qui a donné le calibre intérieur du baſ- ſin concave, donnera le calibre pour le baſſin convexe du même foyer. Le dia- metre de ces deux ſortes de baſſins ne paſſe guère 5 à 6 pouces, depuis les foyers de 8 pouces, juſqu'à ceux de 6 7 à 8 pieds. Les baſſins d'un diametre plus conſidérables entraînent avec eux plus de difficultés, lorſqu'on veut réuſ- ſir à faire des verres réguliers & pro- pres. Voilà la raiſon qui a déterminé les Artiſtes à préférer un diametre infé- rieur à un plus long. Ceux qui font uſa- ge des baſſins de fer battu ou corroyé, les font ordinairement d'un diametre plus

grand, toujours proportionné cependant
au diametre entier du cercle dont ils
ont pris le foyer auquel ils font inférieurs de quelques lignes au moins.
circonftance qui donne la commodité
de pouvoir dégroffir plufieurs verres à la
fois; mais en fuivant cette méthode, rarement les ouvriers confervent la régularité de la courbure, à caufe des changemens alternatifs de la main gauche à
la main droite, qu'il eft néceffaire de
faire de tems à autre pour les dégroffir
avec une certaine exactitude. Cependant il eft néceffaire d'avoir de ces fortes de baffins, pour y figurer d'abord les
verres qu'il faut en quelque forte facri-
fier à la confervation de la régularité de
la courbure de ceux de cuivre, que
l'on ne deftine qu'à adoucir les verres,
pour enfuite les conduire au poli.

Nous venons d'apprendre la maniere de faire pour les baffins des calibres
de tous foyers; voici celle de connoître la courbure, & par conféquent le
foyer de toutes fortes de baffins. Prenez
premierement

premiérement la mefure du diametre du baffin ; fecondement de la profondeur. Tirez une ligne droite un peu plus longue que le diametre du baffin : marquez deux points écartés l'un de l'autre de la longueur précife de ce diametre; au deffus de cette ligne faites un 3e point qui foit élevé perpendiculairement fur le milieu de cette ligne, & qui en foit éloigné de la profondeur jufte du baffin ; enfuite d'une des extrémités du diametre qui vous fervira de centre, ouvrez le compas à volonté pour former un arc de cercle, qui ne paffe pas cependant le point du milieu : faites-en autant à l'autre point oppofé avec la même ouverture de compas ; puis du 3e point comme centre, tracez un troifiéme cercle qui coupera les deux premiers en deux endroits. Cela fait, tirez de chaque côté une ligne droite qui paffe par les fections de chacun des premiers cercles ; la rencontre de ces deux lignes qui fe couperont formera un angle, dont la pointe vous fervira de centre pour tracer un

B

dernier cercle dans lequel vos trois points doivent se trouver, & qui vous donne par conséquent la courbure de votre bassin, son calibre, & son diametre, lequel est égal, comme on l'a dit, à la distance du foyer : cette opération, dont les Géometres démontrent la justesse, s'appelle communément l'opération des trois points perdus. Elle sert à nous donner la profondeur & le calibre de toutes sortes de courbures intérieures. L'élévation des courbures extérieures & leurs diametres nous donnent pareillement leur foyer.

Pour rendre cette opération plus sensible, voyez la figure XIII. planche 1re. A.B. est une ligne droite longue à volonté. C. D. sont les deux points de la longueur du diametre du bassin dont on demande & le calibre & le foyer. E. est le point de convexité le plus élevé sur la ligne A. B. d'où se prend la mesure de la profondeur du bassin. G. H. est le premier arc du cercle. I. L. est le second. M. N. sont les deux sections du premier arc de cercle. O. P. font celles du fecond. Q. S. & R. S. font les lignes tranfverfalles des fections, M. N. O. P. S. eft la pointe de l'angle que forme la rencontre des lignes Q. S. & R. S. La diftance depuis E. jufqu'à S. eft la moitié de la longueur du foyer du baffin, c'eft-à-dire, le rayon ou demi-diametre du cercle dont il fait portion. C. F. D. en eft le calibre.

Il eft une autre forte de baffins dont la matiere n'eft ni cuivre ni fer, dont quelques Artiftes font ufage, & qui demandent quelques précautions pour leur reftituer de tems en tems le foyer qu'une certaine continuité d'exercice peut altérer. A cela près ; ils font auffi propres que les baffins de cuivre pour faire d'excellens verres. Ce font des fragmens de glace brute d'une épaiffeur proportionnée au foyer qu'on leur veut donner, & que l'on figure à force de grais ou de gros émery dans d'autres baffins. Lorfqu'ils ont reçû la courbure intérieure ou extérieure qu'on veut leur donner, on les arrondit pour qu'ils ayent une figure circulaire moins sujette à inconvéniens, lorsqu'on façonne les verres, que n'en seroit une à pans.

Le dernier instrument dont on fait usage dans l'Optique, s'appelle communement *Rondeau*. C'est une espèce de bassin de fer ou de cuivre qui n'a aucun foyer, dont on se sert pour dresser un plan parfait; lorsqu'on veut façonner des verres convexes ou concaves d'un côté seulement, & s'assûrer que le plan du morceau de glace ne soit en aucune façon capable d'altérer ou changer le foyer du verre par une courbure qui lui seroit particuliere. Pour connoître si le plan d'un rondeau est parfait, il faut travailler dessus deux verres, & après les avoir douci & poli sur le même rondeau, il les faut appliquer l'un sur l'autre; si l'un enleve l'autre, le plan est parfait autant qu'il peut l'être, c'est-à-dire sensiblement : car on sçait qu'absolument parlant, il n'y a point de plan physique dont tous les

points foient réellement de niveau. J'a-
voue que cette efpèce de baffin eft de
tous les inftrumens le plus difficile à
rendre régulier, ou à réformer quand
il a une fois perdu la perfection de fon
plan, ce qui arrive très-aifément : on
peut cependant le réparer en prenant
un morceau de glace bien applani, de
quoi il faut s'affûrer par l'application
d'une régle bien droite. Enfuite on façonnera ce morceau de glace fur le rondeau; la friction réformera les petites
courbures que l'inclination de la main
auroit pû occafionner:mais en réformant
le premier plan,le fecond fe trouvera fa-
crifié. Voilà ce que l'expérience nous
apprend tous les jours. Je laiffe aux Sçavans le foin d'en rendre raifon. Peut-
être que le mouvement qu'on eft obligé
de faire pour cette réforme & l'inégalité de l'appui de la main, eft la caufe
de la courbure que prend le fecond
plan ; car il en prend réellement une,
quoiqu'à la vérité peu confidérable,
comme de 400. pieds de foyer ; c'eft

B iij

ce que l'on connoît évidemment par
l'application d'une régle parfaitement
droite, qui ne fe joint plus également
à tous les points du plan. Voici maintenant la maniere de connoître l'irrégularité des baffins courbes.

Pour connoître l'irrégularité de toutes fortes de baffins en général, le poli
eft la voie la plus fûre. Après avoir figuré un verre, (c'eft-à-dire après lui
avoir fait prendre une premiere forme
dans un baffin de fer,) & l'avoir douci
dans un baffin de cuivre ; fi le verre en
le poliffant dans ce même baffin prend
couleur au centre, c'eft une preuve
qu'on a travaillé irrégulierement dans
ce baffin, parce que le poli doit prendre généralement partout. Il ne s'enfuit
pas pour cela que le centre doive être
auffitôt perfectionné que la circonférence, parce que pour peu que l'épaiffeur
du papier qui fert à polir les verres, &
dont on va parler dans le Chapitre fuivant, ait changé la furface de la courbure du baffin, il faut néceffairement

que les bords du verre se déclarent avant le centre d'un poli plus vif. Voici la maniere de réformer l'irrégularité qu'on a pû occasionner à un bassin: façonnez-y des verres d'un tiers du diametre de votre bassin, vous le réformerez. Cet exercice à la vérité sera un peu long, & le changera un peu de foyer : mais il est plus avantageux d'avoir un bassin, par exemple de 12 pouces moins une ou deux lignes, que d'en avoir un qui soit de 12 pouces au centre, & de 14 ou 15 à la circonférence ; défaut commun de tous les mauvais verres, qui vient aussi-bien de l'irrégularité du bassin, que de la mauvaise maniere de ceux qui en travaillant un verre rendent le bassin & le verre aussi mauvais l'un que l'autre. Ceux qui travaillent leurs verres au tour, font moins sujets à rendre irréguliers leurs bassins, que ceux qui les font à la main seulement, & quelques précautions que prennent les uns & les autres pour conserver la régularité de la courbure, leurs bassins, à force de servir, changent de foyer peu à peu , & deviennent d'un foyer plus court. Celui qui avoit d'abord 12 pouces , par exemple , par la suite vient à 11 pouces $\frac{1}{2}$, ou 11 pouces , & ainsi des autres à proportion.

Voici une derniere méthode pour réformer l'irrégularité des bassins , qui est la plus sûre & la plus suivie par les habiles Artistes à Paris & ailleurs. Comme l'arc du cercle que l'on forme avec un compas sert à prendre différens foyers , selon les différentes ouvertures que l'on donne au compas , pour avoir des calibres de courbures intérieures ; l'extérieur du carton découpé nous donne des calibres du même foyer pour les courbures de relief. Ces deux sortes de calibres nous ayant donnés deux sortes de bassins , dont on appelle le premier, bassin concave , & le second, bassin convexe , ou bassin en balle , ces deux sortes de bassins se reforment l'un sur l'autre ; c'est-à-dire , que dans un bassin de douze pouces on réforme un bassin en balle de pareil foyer. On connoît, après les avoir travaillés un certain tems tous les deux ensemble l'un dans l'autre, ou l'un sur l'autre, les irrégularités qu'ils ont quelquefois contracté tous les deux; & on voit à certaines différences de couleur les inégalités de l'appui de la main de celui qui a travaillé dans l'un, ou sur l'autre. Il faut continuer cet exercice jusqu'à ce qu'elles disparoissent de tous les deux : cela fait, vous serez sûr d'avoir tout à la fois deux bassins réguliers. Si vous voulez encore plus vous convaincre de la perfection de ces deux sortes de bassins, faites un verre sur le bassin en balle, & un dans le bassin concave ; & après les avoir polis chacun dans leurs bassins, appliquez-les l'un sur l'autre, le premier doit enlever le second ; comme vos deux bassins doivent faire aussi à l'égard l'un de l'autre.

Ceux qui n'ont pas l'usage du tour, auront soin, s'ils veullent parvenir à une certaine exactitude pour la réforme de ces deux sortes de courbures intérieures

& extérieures, de changer de tems en
tems de côté le baſſin concave ou convexe dans lequel ou ſur lequel ils feront
cette réforme, parce que quelque habileté qu'un Artiſte ait acquis par ſon
application & par un travail aſſidu & ré-
flechi, la main a toujours une inverſion
particuliere, dont on ne s'apperçoit pas
à la vérité en travaillant, mais dont on
connoît la réalité au poli, comme nous
avons dit ci-devant : cela eſt ſi vrai,
qu'en fait de verres objectifs de lunettes
d'approche, on en fait rarement à la
main pluſieurs de ſuite dans le même
baſſin qui ſoient d'une égale perfection.
Voilà ce qui doit obliger ceux qui travaillent à la main à réformer plus ſouvent leurs baſſins, que ceux qui travaillent au tour horizontal ou vertical. Je ne
prétend pas dire pour cela que tous les
verres des premiers ſoient inférieurs à
ceux des derniers, parce que je ſçai
qu'on en peut faire de parfaits à la main
comme au tour. Mais avec ce dernier
inſtrument, on ſera plus aſſûré de con-

ferver la régularité de toutes fortes de
courbures, & fuppofé même qu'en fi-
niffant un verre, la main eût occafionné
au baffin quelque léger défaut, cela ne
fera jamais fenfible au poli : & en y façonnant un fecond verre, en deux ou
trois coups de tour, ce défaut fera ré-
formé. La régularité de toutes fortes
de courbures donne aux verres de toutes fortes de foyers, la perfection dont
la matiere eft fufceptible, & qu'il eft
bien néceffaire de connoître pour donner la préférence à l'un plutôt qu'à l'autre, comme nous l'allons voir dans le
Chapitre fuivant.

CHAPITRE SECOND.

Des Verres.

Remarques sur le travail des Verres.

LA glace est la matiere la plus convenable pour tous les ouvrages d'Optique ; mais comme il en est de deux sortes, sçavoir, des glaces soufflées, & des glaces coulées, les pores de celles-la ne se trouvant pas aussi droits que ceux de celles-ci, il faut par conséquent donner la préférence aux secondes, sur-tout pour faire des verres objectifs, qui demandent pour leur perfection la régularité de la matiere, comme celle de la façon ; il se trouve dans ces deux sortes de glaces trois sortes de défauts : impureté de matiere, points ou bouillons, & fils de verres.

On doit rejetter particulierement dans le choix des morceaux de glaces que l'on destine à faire des verres d Optique, ceux où le premier & le dernier de ces défauts se rencontreroient. L'impureté, premier défaut, forme toujours un nuage semblable à une graisse fine ou poussiere légere ; & le dernier défaut, qui consiste dans ce qu'on appelle fils de verres, cause une convexité qui est extrêmement préjudiciable à la bonté d'un verre, comme à la vûe de ceux qui peuvent avoir besoin de se servir habituellement de lunettes. Le second défaut, (que nous avons nommé points ou bouillons,) vient des petites parties d'air qui sont entrées dans la matiere au tems de la fusion) ; c'est le moins dangereux pour la vûe ; il n'empêche pas un objectif d'être fort bon, parce qu'un certain nombre de points dans un verre ne peut tout au plus que détourner ou intercepter une très-petite quantité de rayons de lumiere s'il est possible d'avoir de la matiere sans points, les verres en seront plus parfaits. Comme le défaut provenant des fils de verres est plus difficile à connoître que les deux

autres, parce que ces fils font une portion de la matiere du verre, plus dur à
la vérité que le reste, puisqu'ils gardent
une élevation que l'on peut aifément
distinguer des parties collaterales, &
qu'ils détournent felon toute leur capacité, les rayons de lumiere de la route
qu'ils devroient tenir. Il faut prendre
une loupe qui groffiffe beaucoup, & regarder les morceaux de glace au grand
jour; on s'affûrera par ce moyen d'une
maniere fenfible de la préfence ou de
l'abfence des fils.

Il n'eft point de glace qui n'ait quelque
couleur:les Artiftes ne font pas d'accord
fur celle qui mérite la préférence entre
le jaune & le blanc; les uns préférent
la couleur qui tire un peu fur le jaune,
à la blanche, qui femble n'avoir aucune
couleur; & d'autres à celle qui eft plus
conforme à la couleur d'eau tirant un
peu fur le verd. J'ai vû d'excellens verres de l'une & l'autre teinte. J'avouerai
cependant qu'une matiere un peu jau-
nâtre me paroît plus propre que toute

autre à faire d'excellens objectifs, & qu'elle est moins sujette à teindre des couleurs de l'Iris dans une lunette à deux ou à quatre verres. Peut-être suis-je prévenu en faveur de cette matiere, à cause du systême de Campana, le plus habile Dioptricien, à mon avis, qu'il y ait eu dans le monde ; j'ai suivi sa méthode, qui n'est pas à la vérité la seule estimable, car nous avons à Paris d'habiles Artistes qui sont arrivés au même point de perfection par un autre chemin. Tout ce que nous avons de verres de Campana sont formés de matiere jaunes, & assez remplis de points ; mais on n'y trouve pas un fil de verre. S'il avoit eu, comme nous, la facilité de choisir des verres dans une Manufacture Royalle, il y a lieu de croire que ses verres seroient encore plus parfaits qu'ils ne sont. Mais il a été privé de ce secours.

Pour l'usage journalier des lunettes, la matiere est de deux sortes ; celle qui est de couleur d'eau, & celle qui tire un

peu fur le jaune, mais le plus legere-
ment qu'il eft poffible. La premiere eft
avantageufe aux vûes foibles & longues;
elle rompt la lumiere avec une vivacité que l'applatiffement de leur criftallin commence à leur refufer. La feconde eft favorable aux vûes courtes,
en tempérant la trop grande force des
rayons; elle rend la vûe des objets d'une
maniere plus douce & plus proportionnée à la difpofition de ces perfonnes,
qui la plûpart, s'il m'eft permis de parler
ainfi, femblent s'applaudir davantage de
la fineffe de leur vûe, lorfqu'elles en
font ufage dans l'obfcurité, que lorfqu'elles font éclairées du grand jour.
Voyez l'Inftruction fur l'ufage des lunettes, Chapitre des vûes courtes. Paffons maintenant à la maniere de tailler
les verres.

Maniere de tailler les Verres.

La matiere étant bien choifie pour
les verres que l'on veut faire, il faut la
couper au diamant. On arrondit les

morceaux

morceaux avec une pince de fer commun : celles d'acier trempé ne vallent rien pour rogner des fragmens de glace, qui trouvant un inſtrument plus dur qu'ils ne ſont eux-mêmes, ſe briſent en petites parcelles inutiles, plûtôt que de prendre la figure circulaire qu'on a coutume de leur donner. Il faut cependant prendre garde, en tenant les pinces de fer commun, d'occaſionner aux morceaux de glace, des langues inſenſibles qui ne ſe déclarent que trop dans la ſuite du travail. Comme ces ſortes d'accidens, qui arrivent quelquesfois à des morceaux de peu de conſéquence, peuvent fort bien arriver à des glaces d'une plus grande valeur lorſqu'on les veut cintrer, voici la maniere de prévenir la perte entiere, ou du moins une diminution conſidérable du prix du volume.

Il faut premierement avoir grand ſoin de remarquer de quel côté paroît la langue ; & diſcontinuant ſur le champ d'arrondir la glace, déſigner le terme

C

ou la pointe de la langue avec de l'encre ; enfuite il faut former une portion de cercle ou un angle, felon l'exigence la plus avantageufe du morceau, & la plus conforme à la figure que la langue fembloit vouloir décrire, en ponctuant avec une plume ou crayon un chemin tout différent de celui qu'elle prenoit, & la ramener en quelque forte par une route collaterale & oppofée à celle qu'elle avoit tenue d'abord.

Secondement, prenez un charbon de feu bien allumé, & fuivez exactement la trace que vous avez fait avec l'encre ou crayon, en foufflant continuellement le charbon fur la glace. La chaleur du feu détournera cet langue, & lui fera fuivre la trace que vous lui aurez prefcrite, pourvû que vous la fuiviez régulierement vous-mêmes avec le charbon que vous tiendrez à l'aide d'une pincette. Remarquez que la glace demande à être échauffée à plufieurs reprifes, fur-tout fi elle eft bien épaiffe. Si le feu tout feul n'eft point capable de faire déclarer cette langue, il faudra alors faire usage de l'eau froide, dans laquelle on trempera un pinceau de plume un peu pointu, qui servira à suivre la trace que vous avez faite avec de l'encre; cette eau froide saisit tout d'un coup, & fait partir la langue que la chaleur n'avoit pû forcer à se déclarer. On entend même alors un peu de bruit dans cette partie de la glace que vous avez sacrifiée pour sauver le reste.

On peut encore empêcher d'une autre maniere le progrès d'une langue dans un morceau de glace. Après en avoir marqué le terme comme nous venons de le dire, il faut prendre une régle, & commencer avec le diamant la coupe au point marqué jusqu'à l'autre bout opposé : puis frapper du bout de cuivre ou de fer dans lequel est enchassé le diamant sous les derniers pas qu'il a fait sur la glace. La coupe venant à s'ouvrir ira rejoindre la pointe de la langue en forme d'angle. Mais il est plus rare de réussir de cette derniere façon, & souvent la hardieffe en fait tout le mérite : *audaces fortuna juvat*, dit Virgile. Le fuccès peut feul juftifier la préférence que quelques ouvriers donnent à cette méthode.

Maniere de cimenter les Verres.

Le ciment ou maftic des verres fe fait communement avec de la poix noire mêlée de cendre paffée au tamis, ou de blanc d'Efpagne pulverifé : on en fait de deux fortes, l'un gras & l'autre fec, qui fervent felon les faifons. Le premier qu'on appelle ciment gras, eft celui dans lequel la poix domine plus que la cendre ou autre poudre. Le fec au contraire contient plus de cendre que de poix. L'un eft pour l'hyver, & l'autre pour l'été. Si le maftic n'étoit pas un peu gras dans l'hyver, le froid refferant les pores de tous les corps, les verres ne demeureroient pas longtems attachés fur les *molettes*, qui font ordinairement faites de bois, & affez femblables à des bondons de tonneau, excepté qu'elles

doivent être un peu concaves intérieurement à la furface fur laquelle les verres doivent répofer, pour recevoir la
fphéricité de ceux qu'on a déja travaillé
d'un côté. La furface de la molette doit
être moins étendue que le diametre du
verre ; & cet excédent du verre par-
deffus la molette doit être garni de ciment, pour empêcher le grais ou l'é-
meri de féjourner fur les bords du verre ; parce qu'il eft néceffaire de le faire
chauffer au feu, qui fert à amollir le ciment dont la molette eft enduite, afin
que l'union du verre au ciment foit plus
étroite. Il ne faut pas craindre que ce
morceau de glace caffe au feu, à moins
qu'il n'y ait une langue de féparation
commencée, que le feu continue alors
d'ouvrir d'un bout à l'autre ; s'il n'y a
point de langue, le morceau de glace
deviendra plutôt rouge, comme une bar-
re de fer à la forge, que de caffer, ou
caufer quelque accident. Si vous le laif-
fez exceffivement chauffer, & que vous
ne puiffiez plus le retirer du feu avec

vos doigts, gardez-vous de le prendre avec une pince de fer pour l'appliquer fur votre molette, car le froid du fer de la pince feroit caffer le verre.

Il n'eft pas néceffaire de m'arrêter ici à chercher la raifon phyfique de ce fait. Il vaut mieux vous faire remarquer encore que fi vous travaillez à l'eau froide un verre encore chaud, & qui vient d'être cimenté, il fe fendra en plufieurs morceaux, ou du moins quittera le ciment, ce qu'il fera aifé de reconnoître par la différente couleur qui paroîtra fur la furface du verre, laquelle au lieu d'être noire vous paroîtra blanche. Le même effet peut être occafionné par les grands froids de l'hyver : car alors on apperçoit fouvent des verres qui ayant été montés la veille, & étant bien noire fur le ciment, le lendemain nous paroiffent tout blancs. Dans l'un & l'autre cas, le parti le plus fûr eft d'achever de les décimenter pour les attacher une feconde fois. Cette opération eft aifée, il n'y a qu'à frapper legérement avec un petit maillet de bois fur les bords du ciment qui approchent le plus ceux du verre, autrement on courroit rifque de les détacher en les façonnant dans le baffin, ce qui eft fujet à une infinité d'inconvéniens, fur-tout quand on les doucit, ou qu'on les polit du fecond côté.

Maniere de dégroffir les Verres, & de les arrondir ou déborder.

Vos verres étant bien cimentés & refroidis, vous pouvez les dégroffir en leur faifant prendre avec du grais & de l'eau une premiere forme fphérique dans un baffin de fer de même calibre que celui de cuivre dans lequel vous devez les doucir. Pour les dégroffir avec une certaine régularité, il faut les conduire bien circulairement du centre à la circonférence, & de la circonférence au centre, en décrivant des cercles qui foient contigus les uns aux autres. Plus les verres font grands, plus on conferve la régularité de ces fortes de baffins : ajoûtez à cela le foin de

changer le côté du baffin à chaque
verre que vous faites : & afin que le verre
s'ufe également, & ne fe trouve pas plus
épais d'un côté que de l'autre, il faut
tourner la molette fur laquelle le verre
eft cimenté, au moins deux fois fur
elle-même chaque tour de baffin. Si
vous ne voulez façonner vos verres que
d'un côté, il faut les dégroffir, c'eft-à-
dire, les réduire à l'épaiffeur la plus jufte
que vous pourrez rélativement à la
courbure dont ils prennent le foyer;
parce que moins la lumiere a de corps
étranger à traverfer, plus fes rayons
font directs, & plus l'objet eft fenfible :
mais fi vous voulez les travailler des deux
côtés, il faut alors ménager la matiere,
& lui laiffer une épaiffeur fuffifante pour
la courbure oppofée que vous voulez
donner à l'autre côté. Vos verres étant
bien dégroffis & figurés, il faut les dé-
border ; c'eft-à-dire, leur faire un bord
ou bizeau dans une efpéce de cone de
fer forgé, appellée débordoir. Pour
cela il faut premierement faire entrer à

force la molette fur laquelle eft attachée le verre dans une efpéce de canon
de fer blanc, au bout duquel eft un pi-
vot qui entre par une ouverture faite exprès dans un jetton de corne qu'on tient
d'une main, pendant que l'autre tourne
un archet qui donne au canon un mouvement circulaire. Ce mouvement
doit être d'abord conduit doucement,
& enfuite plus vivement à mefure que le
bord commence à perdre l'irrégularité
de fon contour par le frottement des parties du gros grais qui agiffent fur le verre.
Alors on prend un débordoir de cuivre
pour les doucir, fi on eft curieux de
bords propres. En ce cas il faut fe fervir de fablon ou petit grais de meule,
ou de l'émeri fin en place de gros grais,
qui quelque ufé qu'il foit, conferve
toujours des parties très-inégales entre
elles, lefquelles nous empêchent d'a-
voir un bord d'une furface parfaitement
unie; cette façon de faire des bords ou
bifeaux à l'archet eft la voie la plus fimple, la plus réguliere & la plus prompte
qu'on ait inventée jufqu'ici.

Du douci & du poli des Verres.

Un verre figuré & débordé comme
nous venons de le dire dans un baſſin de
fer d'une courbure de même foyer que
celui de cuivre dans lequel on ſe propoſe de le doucir, ſe trouvant rarement
d'une convexité parfaitement égale à la
courbure de ce dernier baſſin, il eſt à
propos de l'atteindre par une ſeconde
façon, ſe ſervant de grais déja uſé, &
qui a d'abord ſervi à dégroſſir, ou bien
de grais de meule, par-là le verre prendra une forme parfaitement ſemblable
à la courbure du baſſin dans lequel on
le veut finir. Il faut enſuite le faire paſſer par différens doucins, ou petits
grais plus fins les uns que les autres,
ou par trois ſortes d'émeris que l'on
trouve aſſez communément chez les
Marchands Quincailliers qui vendent
toutes ſortes d'outils & de limes. On
peut s'adreſſer particulierement à Mr.
Perreau, ſucceſſeur de Mr. Malbeſte à
Paris, à la flotte d'Angleterre près le

Palais, qui fe pique d'être un des mieux affortis en différens émeris des Indes.

Chaque doucin par lequel on fait paffer un verre doit raffembler trois fortes de marche ; la premiere eft femblable à un cercle que l'on décrit dans le centre du baffin ; la feconde a différens cercles qui coupent le premier, en fe difpofant par degrés à remonter à la circonférence toujours d'une maniere circulaire ; la troifiéme a d'autres cercles dont la circonférence ne fe trouve pas entierement comprife dans le baffin même, parce qu'il eft néceffaire de faire fortir du baffin le verre du quart de fon diametre pour entretenir la régularité de la courbure, auffi bien à l'extrémité de la circonférence du baffin comme au centre. Ces trois fortes de procédés fe comprendront encore mieux par la vûe de la premiere figure de la feconde planche.

Mais tous ces contours réguliers que l'on fait faire au verre dans chaque doucin par lequel on le fait paffer, au fujet defquels on doit obferver de tenir le verre bien à plomb fur les courbures différentes intérieures ou extérieures des baffins : tous ces contours, dis-je, ne fuffifent pas encore pour le doucir parfaitement, il faut fçavoir mouiller à propos le doucin ; car l'excès ou l'infuffifance d'eau font capables d'occafionner bien des accidens. Il faut garder un jufte tempérament entre le trop & le trop peu. L'expérience en apprendra plus que toutes les inftructions du monde.

Voici un principe général fur le douci des verres. Un verre ne peut jamais être trop douci. Je fçai qu'à le vouloir pouffer trop loin quelquefois on court quelques rifques, comme de le rayer, & être obligé de le recommencer : mais auffi s'il n'eft pas affez douci, on eft plus longtems à le polir ; la derniere opération étant bien plus longue que la premiere, je penfe que le chemin le plus court eft celui que l'on doit préférer ; c'eft-à-dire, qu'il vaut beaucoup mieux paſſer une heure à redoucir un verre, que d'en paſſer huit ou dix à le polir pour venir à bout d'emporter la piqûre exceſſive qu'un doucin croqué a laiſſé ſur la ſurface d'un verre; au lieu qu'un verre bien douci ſera quelquefois poli en deux ou trois heures. Je ne parle pas de ces verres dont bien des Ouvriers en poliſſent deux douzaines en une heure. Ces ſortes de gens n'ont pas beſoin de nos principes; ils aiment à abréger le travail, & ne s'embarraſſent pas de la route qui conduit à la perfection. C'eſt ce que nous allons prouver ſenſiblement par l'expoſition des conſéquences qui ſuivent de divers principes de l'une & l'autre méthode.

Il y a deux ſortes de maniere de polir les verres. La premiere conſerve la régularité de la courbure qu'on a donnée au verre. La ſeconde altére non-ſeulement la convexité du verre, mais lui en procure une ſeconde quelquefois de 12 15 & 18 lignes de différence de foyer de la circonférence au centre.

Ainſi la meilleure maniere de polir les verres & la plus ſuivie de tout ce qu'il y a eu & de tout ce qu'il y a aujourd'hui d'habiles Artiſtes en Optique, à Paris, en Italie, & en Angleterre, eſt de les polir dans le baſſin même dans lequel on les a douci. Après l'avoir exactement eſſuyé, on prend une bande du meilleur papier d'Hollande le plus uni que l'on puiſſe trouver, qu'il faut couper un peu plus longue que le diametre du baſſin, & un peu plus large que celui du verre que l'on veut polir. Il faut coller cette bande de papier dans le baſſin avec un peu d'empoix bleu : je dis bleu, parce qu'il y en a auſſi du blanc. La différence du bleu à la couleur du papier nous fera plus aiſément diſcerner les endroits où il s'en pourroir trouver trop, ce qui feroit capable de faire quelque élévation ſujette à faire déchirer le papier en poliſ-ſant le verre. Lorſque cette bande de papier eſt ſéche, il faut prendre une pierre de ponce, qu'on aura eu la pré-caution de figurer dans ce même baſſin

avec un peu de grais & d'eau avant
que d'y doucir les verres pour lui faire
prendre la même courbure ; frottez-en
d'un bout à l'autre votre papier, vous
enleverez les inégalités qui pourroient
s'y rencontrer : soufflez ensuite exactement la poussiere qui en est sortie, puis
poudrez cette bande d'un peu de pierre
pourie, ou du tripoli de Venise gratté
au couteau très-légérement ; passez ensuite le doigt sur votre bande d'un bout
à l'autre, pour expulser les parties trop
inégales qui pourroient encore se rencontrer dans cette poussiere si menue
qu'elle soit. Je suppose dans un bon
Artiste le tact fin & délicat ; car il est
bien des gens qui ne sentent rien là où
réellement il y a quelque chose ; cela
fait, prenez votre verre des deux mains
entre quatre doigts, sçavoir les deux
pouces & le premier doigt de chaque
main : tenez-les le plus près du bassin
que vous pourrez, afin de poser le
verre perpendiculairement à la courbure avec toute l'exactitude possible.

Enfuite pouffez votre verre fur la bande de papier d'un bout à l'autre, légérement d'abord jufqu'à ce que vous foyez fûr qu'il n'y a aucune inégalité qui puiffe vous arrêter, ou caufer au verre quelque accident, comme des raies, ou du moins des fillonemens quelquefois très - longs à atteindre au poli. Si vous fentez de l'égalité tout du long de cette bande qui vous fert de poliffoir, vous pourrez alors pouffer votre verre plus promptement & plus hardiment : il faut le retourner de tems en tems fur lui-même, afin que le poli prene également par-tout. La pierre pourrie ou le tripoli dont on a poudré cette bande de papier devenant impalpable par le frotement, & perdant peu à peu fa force, on eft obligé de tems en tems d'en remettre du nouveau, à l'application duquel il faut apporter les mêmes foins que nous avons exigés pour la premiere fois, c'eft-à-dire, éprouver du bout du doigt fi on n'y fent aucune inégalité, il eft néceffaire dans

le

le cours de l'opération, de faire ufage d'une loupe ou lunette à la main qui groffiffe beaucoup, par exemple de 18 à 20 lignes de foyer, pour voir fi le poli s'avance , & fi la piqûre du grais ou de l'émeri qui doit être extrêmement fine lorfque le verre a été bien douci eft totalement enlevé.

Comme le centre d'un verre eft toujours plus long à atteindre au poli que la circonférence, il arrive fouvent que faute de loupe on le laiffe moins parfait que les bords; c'eft cependant la partie la plus effentielle d'un verre, parce que c'eft au centre que fe fait la réunion des rayons ; s'il s'y trouve quelque obftacle dont même on ne puiffe pas s'appercevoir à la fimple vûe, tel qu'eft ordinairement une efpéce de petite graiffe fine & légère, qui ne prouve dans un verre bien fait d'ailleurs qu'une infuffifance de poli : les rayons de lumiere en paffant par ce milieu perdront quelque chofe de leur vivacité. Pour qu'un verre foit parfait,

D

il faut donc absolument enlever ces
obstacles à force de le polir, ensorte
qu'avec la loupe on puisse s'assûrer
qu'il est au centre aussi brillant & aussi
vif qu'à la circonférence. D'ailleurs
on ne court jamais de risque de trop
polir un verre de cette façon-là, parce
qu'il ne peut changer de courbure :
j'excepte les verres objectifs d'un long
foyer, qui doivent être suffisamment
polis, mais dont on pourroit altérer
la courbure, si on les poussoit trop
longtems au poli : dès qu'on reconnoît
avec la loupe que le centre est atteint,
il faut s'arrêter & préférer l'inconvenient de quelques petites raies ou fi-
landres qui pourroient y rester, à un
poli excessif qui les enleveroit. Une
raie ou filandre ne furent jamais dans
un objectif un défaut essentiel, c'est
tout au plus un défaut de propreté.
Pour plus grande diligence, ceux qui
voudront polir leurs verres au tour,
seront obligés, au lieu de cette bande
de papier, d'en couvrir la surface en-

tiere de leur baffin ; mais ils doivent
les découper avec adreffe pour éviter
les plis du papier, que la cavité ou
la convexité des baffins entraînent néceffairement avec elle. Mais fi ce font
des verres objectifs, la meilleure maniere eft de les polir à la bande & à
la main, parce que la vivacité des
mouvemens du tour occafionne fouvent à la main des appuis inégaux, qui
font quelquefois d'une grande conféquence, & nuifent beaucoup à la perfection de ces fortes de verres.

Voici ma derniere façon de polir un
objectif, qui eft la plus fûre, & que j'ai
apprife d'un des plus célébres Artiftes
d'Angleterre, dont j'ai pris quelques
leçons pendant le féjour qu'il fit à Paris il y a environ fept ou huit ans.
Votre objectif étant douci, cimentez-
le fur une molette de plomb du poids
d'une livre, ou de deux ou trois s'il eft
d'un grand diametre & d'un foyer bien
long. Vous conduirez feulement cette
molette d'un bout à l'autre de votre

baſſin couvert d'une bande de papier, ſans y faire aucune preſſion que celle que fait le poids de votre molette, le verre objectif prendra peu à peu le poli, & de la maniere la plus réguliere, par l'appui égal de la molette de plomb ſur tous les points de la ſurface de votre verre. Cette façon de polir des objectifs eſt extrêmement longue ; ſi quelqu'un vouloit mettre le prix à raiſon du tems que l'Artiſte y emploie, on ſeroit ſûr d'avoir des verres de la derniere régularité ; & afin d'épargner la peine de ce procédé à ceux qui ſeroient tenté d'en faire uſage, je ſuis bien aiſe de leur avouer que pour polir un objectif de 12 pieds de foyer, & deux pouces & demi de diametre, j'ai été huit jours & demi à en atteindre le centre : ceux qui ſeront armés de patience & d'inclination pour ce qu'on peut faire de plus régulier en ouvrage d'Optique , apprendront par l'expérience qu'ils en feront par la ſuite eux-mêmes, que cette derniere façon de polir les verres , quoi;

que la plus longue eſt cependant préférable à toutes celles dont on s'eſt ſervi juſquà préſent.

Diſons maintenant quelque choſe
de la plus commune maniere de polir
les verres, qui eſt en même tems la plus
mauvaiſe.

Pluſieurs Ouvriers poliſſent leurs verres ſur des poliſſoirs plats de bois, couverts d'une bande ou liſiere de drap
noir, ou même de chapeau. S'il faut
avouer que cette derniere maniere de
polir eſt la plus courte, il faut dire auſſi
que c'eſt la plus irréguliere, parce
qu'elle altére beaucoup la convexité
d'un verre ; enſorte que ceux qui ſont
d'un foyer long, ont ſouvent différentes
courbures dans la même ſurface, ſelon
l'appui inégal de la main, qu'on ne peut
éviter dans l'oppoſition de la courbure
du verre au plan du poliſſoir : généralement parlant tous les verres polis de
cette façon-là ont au moins deux ſortes
de foyers. Lorſqu'un verre a été douci
dans un baſſin de 12 pouces, par exem-

ple, l'inverſion qu'on lui donne pour
en atteindre les bords au poli, lui faire
prendre une courbure à la circonférence de onze pouces, quelquefois même
de dix, pendant que le centre, ſuppo-
ſé qu'on y ait apporté bien des ſoins
pour ne le point altérer, en aura conſervé douze. Comme je ne me ſuis arrêté
à en parler que pour en faire ſentir les
défauts, paſſons maintenant à des remarques plus intéreſſantes.

Remarques ſur la façon des verres, avec
une Table pour connoître en quelle pro-
portion un verre convexe groſſit les ob-
jets, & de combien un Verre concave
les diminue.

Je crois m'être aſſez expliqué ſur ce
qu'il eſt abſolument néceſſaire de ſçavoir
touchant la maniere de faire les verres:
il ne me reſte plus qu'à communiquer
les remarques particulieres que j'ai faites ſur ce ſujet; j'en prouverai l'utilité
en parlant des principes que j'ai déja

exposés, ce qui rendra mes demonstrations plus intelligibles, & l'exécution plus facile.

Si vous ne travaillez vos verres que d'un côté, vous n'aurez pas besoin de morceaux de glace si épais que si vous les voulez façonner des deux côtés, parce qu'une courbure opposée à une autre courbure dans un même diametre, souffre toujours la perte du tiers de son diametre, comme on le peut voir par la figure 14ᵉ planche premiere A.B. diametre du verre C. D. courbure du verre travaillé d'un côté E. F. diametre du verre travaillé des deux côtés G. H. courbures intérieures opposées, & épaisseur du verre, laquelle étant formée aux dépens du diametre de celui qu'on n'auroit travaillé d'abord que d'un côté A. B. qui avoit 19 lignes & demi environ de diametre, n'en a plus que 13 ½ E. F. le tiers de 19 ½ ou à peu près ; ce tiers de diametre doit être suppléé par un tiers en sus d'épaisseur de matiere pour faire un verre d'un

même diametre & d'un même foyer.
L'épaiffeur du verre I. L. façonné des
deux côtés, qui a environ 3 lignes $\frac{1}{2}$
pour être du grand diametre & du mê-
me foyer que A. B. doit être fait d'un morceau de glace brute qui porte environ
cinq lignes d'épaiffeur, quoiqu'à la ri-
gueur il ne les faille pas tout-à-fait :
mais parce qu'il eft rare de s'arrêter
dans le travail des verres au terme fixe
de ce qui eft néceffaire pour la courbure, on peut prendre un morceau de
glace de fix lignes , même pour être
moins géné : mais en même-tems on
court rifque de donner au verre un diametre un peu plus long. Ainfi dans l'e-
xemple cité , le verre tout façonné
pourroit avoir alors un peu plus de 19
lignes de diametre.

L'Opération que nous avons nommée ci-devant des trois points perdus,
eft la clef de toutes celles de la Dioptrique ; c'eft elle qui nous apprend
auffi de quel foyer l'épaiffeur d'un morceau de glace eft fufceptible. Sup-

posons-le, par exemple, de cinq lignes d'épaisseur sur environ 14 de diametre : tirez premierement une ligne droite ; ensuite marquez par deux points sur cette même ligne la longueur du diametre de votre morceau ; puis élevez un point au-dessus de la ligne diametrale autant éloigné d'elle que votre morceau a d'épaisseur ; repetez ensuite l'opération qui a été indiquée ci-devant.

Pour prendre le foyer de toutes sortes de bassins, après avoir décrit les arcs du cercle & les sections, vous aurez deux lignes transversales dont la rencontre forme un angle qui vous donnera depuis sa pointe jusqu'au point élevé d'épaisseur la moitié du foyer dont le morceau est susceptible. Vous trouverez que cet angle depuis sa pointe jusqu'au point élevé a environ neuf lignes ; le verre par conséquent pourra être travaillé d'un côté dans un bassin de 18 lig. environ, ou des deux côtés dans un bassin de 3 pouces, qui vous donnera alors la même grandeur qui est représentée dans

la quinziéme figure de la premiere planche. Quand on connoît bien, & que l'on
pratique cette opération, on netravaille
jamais un morceau de glace au hazard.

Il eſt encore néceſſaire de ſçavoir
que deux courbures intérieures ou extérieures oppoſées raccourciſſent de moitié la longueur d'un foyer donné. Si
vous façonnez des deux côtés un verre
dans un baſſin de 12 pouces de foyer,
au lieu d'avoir 12 pouces il n'en aura
plus que ſix : car l'expérience nous apprend qu'en meſurant au ſoleil ou à la
lumiere ſimple du jour le verre façonné
d'un ſeul côté, nous avons à la pointe
de ſon foyer, c'eſt-à-dire, à la diſtance
de 12 pouces à travers ce verre la repréſentation d'un objet, & que lorſqu'il
a été façonné des deux côtés dans le
même baſſin, nous n'en avons plus la
repréſentation qu'à 6 pouces. On peut
par l'opération dont j'ai donné l'analyſe
ſe convaincre de ce que je viens de dire ;
de même qu'en joignant par les ſurfaces
planes deux verres travaillés d'un ſeul

côté ; car ces verres qui féparément ont 12 pouces de foyer, étant joints n'en ont plus que fix.

Si vous façonnez un verre des deux côtés dans deux baffins de courbures différentes , la diminution des foyers fera auffi de la moitié ; mais les diftances inégales de ces foyers feront réduites proportionnellement à des diftances égales. Exemple. Prenez un verre dont une fourbure ait quatre pouces de foyer , & l'autre fix , il en réfultera de part & d'autre un foyer de cinq pouces, qui font la moitié de la fomme 10.

Ce que l'expérience vient de nous apprendre fur la façon des verres travaillés des deux côtés, nous conduit à un calcul bien fimple de leur foyer ; celui qu'on aura façonné dans un baffin de 24 pouces de foyer des deux côtés n'aura plus que 12 pouces ; & celui qu'on travaillera dans deux baffins de courbures différentes, n'aura de foyer que le quart du produit de la valeur des deux foyers pris enfemble ; a infi un

verre qui aura été façonné également
des deux côtés dans un baffin de cinq
pieds, & qui avoit trente pouces de
foyer n'en aura que 15 fi on le façonne
dans le baffin de trois pieds d'un côté,
& dans celui de deux pieds de l'autre.
Quoique la fomme de ces deux foyers
reviennent au même pour le calcul, ce
n'eft pas à dire que les deux angles oppofés & inégaux foient également diftans du point élevé de la courbure.
Les explications qui ont précédés font
fuffifamment entendre ce que je dis ici:
mais fi les deux courbures étoient parfaitement paralleles, elles feroient le
même effet que deux plans réunis d'une
glace ordinaire, c'eft-à-dire, qu'elles
ne groffiroient ni ne diminueroient pas
plus les objets qu'une glace parfaitement
plane au travers de laquelle on les re-
garderoit.

Voici une Table de verres de différens foyers qui aidera à connoître en
quelle proportion un verre convexe
groffit les objets, & au contraire com-

bien un verre concave le diminue. On
pourra calculer fur cette efpece d'é-
chelle, combien d'autres à proportion
d'un foyer plus long ou plus court grof-
firont ou diminueront.

 Un objet de fix lignes de diametre
vû avec un verre de 12 pouces de
foyer paroît avoir 12 lig. de diametre.

Avec un verre de 11 p.	12 l. $\frac{1}{2}$
10 p.	13 l.
9 p.	13 l. $\frac{1}{2}$
8 p.	14 l.
7 p.	14 l. $\frac{1}{2}$
6 p.	15 l.
5 p.	15 l. $\frac{1}{2}$
4 p.	16 l.
3 p.	17 l.
2 p.	18 l.
1 p.	24 l.

Il faut faire remarquer ici aux Artiftes qu'il en eft des opérations qui appartiennent à l'Optique comme de celle

des autres Arts, où l'on a diverses difficultés à essuyer : il est des jours où l'on réussit
à tout ce qu'on entreprend ; d'autres
dans lesquelles on ne fait rien de bien :
cela peut venir de trois causes : 1°. de
l'intempérie de l'air, qui en différens
tems fait sur les métaux des impres-
sions différentes. 2°. De la qualité de la
matiere, qui étant plus ou moins cuite,
est plus ou moins susceptible d'une certaine perfection. 3°. Des dispositions
de la main, qui se trouvent moins avantageuses certains jours que d'autres : on
sçait que les Dessinateurs, les Peintres,
les Graveurs, ont aussi leurs jours où
ils travaillent d'une maniere plus légère & plus hardie qu'à l'ordinaire :
les Artistes & les connoisseurs en tout
genre seront d'accord sur ce sujet avec
les Opticiens.

CHAPITRE TROISIEME.

Des Miroirs ardens, des Verres convexes & concaves.

Des Miroirs ardens.

ON appelle *Miroirs ardens* le miroir de métal concave femblable à la figure des baffins qui nous fervent à faire les verres de dioptrique ; ce miroir étant expofé aux rayons du foleil, brûle par réflexion à la diftance d'environ le quart du diametre de la fphere dont il eft une portion, les matieres combuftibles qu'on lui préfente, comme le bois & autres. Il faut excepter le papier blanc, dont la furface difperfe les rayons : mais le plomb, l'étain, & les autres matieres fufibles pourront y être fondues, parce que la furface concave de ce miroir eft tellement difpofée par fa courbure, que les rayons réflechis fe réuniffent & s'affemblent dans un fort petit efpace au quart de diametre de la courbure où eſt le point brûlant du miroir ; & par la force que leur prête cette réunion, ils pénétrent ébranlent, agitent & décompoſent les particules des métaux & des autres corps qui y ſont expoſés : la lumiere du ſoleil eſt un feu ; ſes rayons étant raſſemblés par le moyen de ce miroir produiſent des effets pareils à ceux du feu commun.

Cette ſorte de miroir eſt compoſée de cuivre rouge & d'étain d'Angleterre. L'arſenil qu'on fait entrer auſſi dans ſa compoſition purifie l'alliage de ces deux métaux : on les fond ſur des calibres comme les baſſins ordinaires qui ſervent à figurer les verres optiques ; lorſqu'ils ſont ſortis de la fonte on les tourne de même ; & après avoir façonné dans leur concavité un certain nombre de verres qui prennent la courbure du foyer qu'on leur a donné, on les doucit avec différens émérils plus fins les uns que les autres ; enſuite on les polit : & afin d'y conſerver la régularité de la courbure, le poli s'exécute

ſur

fur une balle de glace parfaitement arrondie dans cette efpèce de baffin, laquelle eft couverte pour cet effet d'une bande de papier légérement enduite d'huile d'olive & de potée d'étain, ou tripoli de Venife.

Il eft bon d'avertir que cette façon de polir ces fortes de miroirs, eft extrêmement longue, parce que la furface de cette matiere, quelque bien doucie qu'elle puiffe être, eft toujours très-dure : mais je ne fçai pas de maniere plus réguliere ni plus courte.

Il eft une feconde forte de *miroirs ardens* qui brûlent auffi par réflexion ; ils font faits d'un morceau de glace d'une certaine épaiffeur proportionnée à la courbure qu'on veut leur donner ; ces miroirs convexes d'un côté, & plans de l'autre, font enduits d'étain & vif-argent du côté de la convexité, qu'on met au tain dans le baffin même dans lequel on les a figurés pour y fixer le vif-argent. On les façonne d'un côté comme les verres ordinaires de la Diop-

E

trique, & on leur donne rarement plus
de trente pouces de foyer. On les fait
plus communément dans un baſſin de
trois ou quatre pieds de foyer ; & ceux
qui ſont d'un grand diametre, dans un
baſſin de cinq, ſix, ſept, ou huit pieds.
Ce miroir eſt inférieur pour l'effet à celui de métal, & ne brûle pas ſi promptement, parce que les rayons du ſoleil
ont deux ſurfaces à pénétrer, ſurface
extérieure & intérieure. La preuve
de ce que j'avance eſt aiſée à faire :
qu'on préſente une chandelle allumée vis-à-vis ce dernier, vous en aurez deux repréſentations. La ſurface
extérieure à une certaine diſtance, vous
donnera l'image de la chandelle dans
une ſituation droite, telle que vous la
préſentez ; & la ſurface intérieure vous
la donnera renverſée ; au lieu que le miroir de métal ne vous donnera qu'une
repréſentation de l'objet renverſé.

Ces deux ſortes de miroirs repréſentent à une certaine diſtance l'objet plus
grand & plus gros qu'il n'eſt en lui-mê-

me; parce que les rayons réfléchis ꝑes la surface concave font un plus gr ꝫ ꝵ angle que s'ils étoient réfléchis par ꝸꝺ surface plane, telle que celles d'un miʀroir ordinaire : si on regarde un objet ou soi-même d'un point plus éloigné que le foyer du miroir, c'est-à-dire, que le point ou les rayons s'unissent, l'objet vous paroîtra renversé, ou vous semblerez marcher la tête en bas & les piéds en haut, parce que les rayons doivent se croiser dans le foyer & s'écarter ensuite ; de sorte que ceux qui viennent de la partie supérieure de l'objet , soient en bas avant que d'entrer dans l'œil,& ceux qui viennent de la partie inférieure, soient en haut. Que l'on présente vis-à-vis ces miroirs la pointe d'une épée, l'image de cet objet semblera sortir en deça du miroir, & s'avancer sur le spectateur.

Il me paroît à propos de dire quelque chose du miroir plan des deux côtés, appellé *miroir simple*, parce qu'il n'est composé que de surfaces également planes tricparalleles. L'une des deux furfaces de enduite d'étain & de vif-argent, pour bien répréfenter les objets dans leur fituation naturelle ; l'autre furface doit être parfaitement plane & de couleur d'eau vive, autrement les objets qu'on lui préfente fe colorent de diverfes teintes. On voit dans ce miroir les objets réfléchis par la lumiere qui revient à nous, à caufe de l'oppofition d'un corps au-delà duquel elle ne peut paffer, tel que celui de l'étain & du vif-argent ; ce miroir nous repréfente l'objet aufli grand qu'il eft dans fa fituation naturelle, & aufli enfoncé au-delà du miroir qu'il en eft éloigné en-deçà.

Il faut aufli avertir qu'une glace un peu épaiffe & affez large multiplie la vûe d'un objet. Si vous regardez d'un feul œil & obliquement ou de côté, dans un miroir la flamme, par exemple, d'une chandelle, vous en aurez fix ou fept repréfentations de fuite, à caufe de la multiplicité des réflexions. Pour expliquer cette multiplicité d'images, il faut faire attention qu'il y a auſſi deux ſortes de ſurfaces dans un miroir plan , ſurface extérieure, & ſurface intérieure ; cette derniere eſt celle qui eſt enduite d'étain & de vif-argent. Les deux plus claires images viennent de la réflexion de la premiere ſurface , laquelle arrête une partie des rayons qui tombent obliquement de l'objet ſur le miroir, & les réfléchit obliquement à l'œil qui voit cette image de côté : l'autre vient de la réflexion de la ſeconde ſurface qui reçoit obliquement l'autre partie des rayons qui ont pénétré juſqu'au fond du miroir , d'ou étant réfléchis obliquement vers la premiere ſurface , elle en arrête quelques-uns; mais elle laiſſe ſortir les autres qui font voir cette ſeconde image , mais d'une maniere plus foible, & ainſi des autres, qui peu à peu perdant de leur vivacité , deviennent enfin inſenſibles.

Si on veut voir cette multiplicité d'objets ſans regarder obliquement dans la glace, il faut faire placer deux glaces

bien vis-à-vis l'une de l'autre, une personne s'y regardant en face, s'y verra
multipliée trois fois au moins d'une
maniere claire & distincte. Quant aux
renversemens des images causés par les
miroirs plans, en voici la raison. Le
rayon d'incidence & celui de réflexion
forment un angle ; mais parce que la
sensation de la vûe se fait à l'extrémité des rayons droits , c'est comme
si ces deux rayons prolongés au-delà du miroir se croisoient ; d'où il arrive que ce qui est à gauche nous paroît
être à droite , & ce qui est à droite nous
le voyons à gauche. Si on expose de l'é-
criture à un miroir plan, l'on verra les
lettres à rebours, telles qu'on les voit
sur une forme d'Imprimerie prête à être
mise sous la presse , de sorte qu'on ne la
peut lire , si l'on n'est accoutumé , comme les Imprimeurs, à cette façon de
lire à rebours. Il est un grand nombre d'autres expériences que l'on peut
faire soi-même , en disposant différemment les glaces auxquelles je ne

m'arrêterai point, afin de paffer promptement à des chofes plus intéreffantes , & plus utiles au public & aux Artiftes. Il eft aifé , par exemple, de rappeller par le moyen de plufieurs miroirs des objets extérieurs au dedans d'un appartement , & il ne faut avoir que des yeux pour placer les miroirs de maniere à produire un pareil effet.

On fait auffi des miroirs plans de métal, qui nous repréfentent les objets par réflexion ; mais ils différent des glaces, en ce que n'ayant qu'une furface réfléchiffante, les rayons de lumiere viennent plus directement, & nous font voir les objets mieux dans le vrai, & d'une maniere plus conforme à la nature : car ces rayons ne fouffrent pas dans le métal la même altération qu'ils éprouvent en traverfant l'épaiffeur de la glace. Cependant comme les miroirs de métal font fujets à d autres inconvéniens très-confidérables, on donne aujourd'hui la préférence à ceux de glaces qui étant d'une matiere pure & d'une épaiffeur

médiocre, font d'une ufage bien plus
commode, parce qu'ils ne perdent pas l'é-
clat de leur poli auffi promptement que
ceux du métal : ceux-ci font fufceptibles de toutes les influences de l'air, &
il eft néceffaire de les polir fouvent pour
en faire l'ufage que l'on fait ordinairement des miroirs. D'ailleurs je ferois
tenté de croire que l'ufage fouvent re-
pété de ces fortes de miroirs pourroit
bien à la longue devenir préjudiciable
à la vûe, par l'exacte direction des rayons
de lumiere qu'il réfléchit : ainfi felon
moi, fauf meilleur avis, un miroir de
glace eft plus convenable aux vûes délicates, à caufe de l'altération que fouffrent les rayons de lumiere, qui ne reviennent à nous qu'après avoir traverfé
l'épaiffeur de la glace; par-là ils perdent ce qu'ils pourroient avoir de trop
vif, & de peu proportionné aux vûes
foibles. L'expérience femble prouver
la vérité de ce que j'avance. Le trop
grand jour nous ébloüit plûtôt que de
nous éclairer. Perfonne ne peut fouffrir

la vûe directe des rayons du foleil. Mais tout le monde les regarde fans peine de côté ; l'oblicité de leur réflexion altérant la vivacité de leur incidence en rend la vûe plus douce , & caufe à la ratine un ébranlement moins confidérable.

Des Verres convexes.

Il y a deux fortes de *verres convexes* ; les uns font plans d'un côté, & convexes de l'autre ; les autres convexes des deux côtés , & font appellés pour cela biconvexes.

Les verres plans convexes font faits de morceaux de glace figurés d'un côté dans des baffins concaves & laiffés plans de l'autre, comme on les trouve à la Manufacture des glaces. Si l'on veut avoir des verres régulierement plans, il faudra néceffairement les travailler de nouveau, parce qu'il n'eft pas poffible, de la maniere dont on polit les grandes glaces à la Manufacture, d'en conferver la régularité du plan : l'ex-

périence le prouve tous les jours. Car
les glaces qui fortent du douci de la
Manufacture, appliquées les unes fur
les autres, fe féparent les unes des autres bien plus difficilement que lorfqu'on les a polies; ce qui ne peut venir que de l'inégalité du poli, & par
conféquent de l'altération du plan. Nous
avons donné dans le Chapitre précédent la maniere de faire un plan régulier, & d'en connoître la perfection:
c'eſt pourquoi il eſt inutile de s'y arrêter davantage.

Les verres biconvexes font faits auſſi
de morceaux de glace, figurés des deux
côtés dans un même baſſin concave,
ou dans deux d'inégale fphéricité. Plus
ces deux fortes de verres font convexes
d'un côté, ou des deux côtés, plus ils
groſſiſſent l'objet à nos yeux; parce que
la grandeur ou la groſſeur des objets
fe mefurant fur l'angle viſuel, plus les
rayons qui tendent de l'objet vers l'œil,
en s'approchant toujours l'un de l'autre
pour fe réunir, & qu'on a appellé pour

cela rayons convergens : plus ces rayons, dis-je, s'écartent de la ligne perpendiculaire en fortant des verres, plus l'angle de réfraction eft grand, comme on le peut voir par la figure 4 planche feconde.

Les verres convexes des deux côtés font appellés *verres ardens*, fur-tout quand ils font d'un foyer un peu court, comme de deux, trois à quatre pouces. Expofés au foleil ils embrafent des matieres combuftibles à la pointe de leur foyer, c'eft-à-dire, là où les rayons du foleil fe raffemblent & forment un petit cercle de lumiere, qui plus il eft petit & court, plus il met le feu promptement, parce que fes rayons fe diffipent moins : le verre ardent peut fondre le plomb & l'étain, & d'autres métaux. La différence qu'il y a entre un miroir ardent & un verre ardent, c'eft que le premier brûle par réflexion, & le fecond par réfraction. L'un brûle environ au quart de fon foyer, & l'autre à la pointe précifément, c'eft-à-dire, qu'un

miroir de trente pouces de foyer mettra le feu à l'objet vis-à-vis duquel on le
préfente à fept pouces fix lignes de diftance. Un verre ardent de trois pouces
de foyer brûlera à trois pouces ; celui-
ci mettra même le feu à des furfaces
blanches, comme celles du papier, &
l'autre ne le fera pas , du moins j'y ai
effayé , & je n'en ai pû venir à bout :
mais j'ai réuffi avec le verre ardent ,
(malgré la prévention que la lecture de
différens Auteurs m'avoit infpirée , qui
m'avo't jufqu'ici fait regarder l'effet
comme impoffible,) à mettre le feu à
une feuille de papier le plus fin & le
plus blanc d'Hollande que j'ai pû trouver, & cela dans le mois d'Avril, dans
lequel le Soleil n'eft pas encore à fon
degré de force, tel que celui qu'il a
dans les mois de Juillet & Août.

On entend par réflexion la fimple
brifure des rayons de lumiere qui re-
jailliffent du miroir, & par réfraction,
la double brifure que les rayons fouffrent en traverfant les deux furfaces du

verre; comme on le peut voir dans les
figures 2e & 3e de la planche feconde.
Le miroir ardent A. brife une fois feulement les rayons du foleil qu'il reçoit,
& qu'il renvoie au quart de la diftance
là où les rayons réfléchis forment l'angle B. au lieu que dans le verre ardent
C. les rayons du foleil fe brifent deux
fois; 1°. en y entrant par D. D. & en
fortant par E. E. Cette feconde réfraction forme un angle dont la pointe F.
eft le foyer du verre.

Des Verres concaves.

Il y a auffi deux fortes de *verres con-*
caves; les uns font concaves d'un côté
& plans de l'autre.; les autres concaves des deux côtés, qu'on nomme bicaves.

Les verres concaves plans font faits
de fragmens de glace figurés d'un côté
fur un baffin convexe, & laiffé plans
de l'autre.

Les verres bicaves font figurés des

deux côtés fur un même baffin convexe, où fur deux baffins de courbure
inégale. Plus ces deux fortes de verre
font concaves, plus ils diminuent l'objet à nos yeux; parce que plus les rayons
de lumiere s'approchent de la ligne
perpendiculaire, plus l'angle de réflexion eft étroit & aigu, la grandeur des
objets dépendant de l'angle fous lequel
nous le voyons , plus il fera ferré , plus
ils nous paroîtront petits ; mais comme
les rayons en fortant d'un verre concave s'écartent l'un de l'autre , on les a
nommés rayons divergents. Voyez la
figure 5e planche feconde.

Il eft une derniere forte de miroirs
concaves d'un côté , & laiffés plans de
l'autre , femblable à nos verres de Lunettes plans concaves, enduits d'étain
& de vif-argent du côté plan. Il nous
répréfente les objets plus petits qu'ils ne
font en eux-mêmes , parce que la courbure de ces miroirs fait que les rayons
efficaces ne font réfléchis jufqu'à l'œil
que par une fort petite furface, & qu'ils

ne viennent le frapper que fous de fort petits angles auxquels l'image de l'objet doit répondre. On fait auffi de ces fortes de miroirs en métal.

On appelle ce *miroir, multiplicateur*, lorfqu'on fait fur un même morceau de glace plufieurs facettes ou cavités. Si vous vous mettez vis-à-vis le milieu de cette glace, vous vous voyez repréfenté autant de fois qu'il y a de cavités dans le miroir. S'il y en a 12, & que trois perfonnes s'y préfentent, vous en verrez former une compagnie de trente-fix, qui font à la vérité plus petites que nature, par la raifon que nous venons d'en donner, & qu'il eft inutile de repeter.

CHAPITRE QUATRIEME.

Régles & proportions des foyers des oculaires concaves, & des objectifs convexes pour la Lunette d'approche à deux verres , appellée ordinairement Lunette de Spectacle , ou d'Opéra.

ON doit à Jacques Metius, Hollandois, de la Ville d'Alkmar, la découverte des Lunettes : sa premiere occupation fut de construire des miroirs & verres ardens. Pour réussir à les faire, il avoit figuré des verres de différentes manieres ; les uns se trouverent convexes , & d'autres concaves, suivant la diversité des courbures sur lesquelles il les avoit façonnés. On prétend même qu'en ayant abandonné plusieurs, à cause de leurs imperfections, ou de leur inutilité pour le but qu'il

qu'il fe propofoit. Ses enfans ayant ra-
maffé ces verres en jouant, les place-
rent à une certaine diftance, l'un vis-à-
vis de l'autre; & fe racontant l'effet nouveau pour eux de ces verres ainfi difpofés, donnerent, pour ainfi dire, à
leur pere la premiere leçon de la Dioptrique expérimentale, pour obferver
des corps bien éloignés de nous, auxquels nos yeux ne peuvent atteindre
fans ce fecours. La perfection à laquelle
cet art a été porté enfuite, a donné lieu
à une infinité de découvertes curieufes,
comme nous le dirons bientôt. Metius
mit fi bien à profit cette découverte, en-
fantée en quelque forte par le hazard, &
il s'avifa fi heureufement de placer ces
verres aux extrémités d'un tuyau, qui intercepte tous les rayons vagues, de la
lumiere, qu'il joüit le premier de l'expérience la plus flatteufe & la plus ex-
traordinaire. C'eft donc lui qui fit la
premiere Lunette d'approche, que nous
appellons aujourd'hui Lunette d'Opéra,
bien inférieure à celle à quatre verres,

E

que des recherches plus profondes, &
des travaux infatigables ont découverte
& perfectionnée dans ces deniers tems,
de forte qu'il ne paroît pas qu'on puiffe
aller plus loin. Elles fervent à nous faire
voir les objets plus grands & plus diftincts, ce qui dépend uniquement de
ce qu'elles renvoyent fous un plus grand
angle les rayons départis des extrémités de l'objet, & de ce qu'elles réuniffent plus exactement fur la rétine les
rayons partis d'un feul point. Ces
deux chofes font le feul objet de toutes
les différentes conftructions des Lunettes, & de toutes les combinaifons qu'on
peut faire de plufieurs verres, foit par
leur nombre plus grand ou plus petit,
foit par leurs différentes figures ; c'eft-à-
dire, par leur convexité ou concavité,
foit par l'égalité ou inégalité de ces
convexités on concavités, foit enfin
par la diftance de leur foyer.

Il y a trois fortes de Lunettes d'approche. La premiere eft compofée de
deux verres, dont l'un eft concave,

l'autre convexe ; la seconde de quatre verres convexes , & la troisiéme de deux verres convexes. On appelle celle-ci Telescope, parce qu'elle sert pour découvrir les objets éloignés , tels que les Astres. Le Chapitre suivant traitera des deux dernieres , & celui-ci de la premiere.

La Lunette d'approche à deux verres est composée d'un seul verre convexe , qui se nomme *Objectif*, parce qu'il est placé du côté de l'objet, & d'un verre concave ; que l'on appelle *Oculaire*, parce qu'il est du côté de l'œil. Le premier rassemble les rayons ; le second les sépare & les écarte, afin qu'ils ne se réunissent pas dans l'œil avant que de tomber sur la rétine.

Cette Lunette , qu'on appelle encore Lunette d'Opera ou de Spectacle, est composée de deux tuyaux qui entrent l'un dans l'autre ; aux extrémités desquels sont placés les deux verres : le tuyau de l'oculaire doit être assez long pour pouvoir être tiré ou poussé, selon la longueur de l'oculaire, autrement dit courte-vûe. A l'extrémité de ce tuyau eſt un diaphragme ou petit cercle de bois percé à jour dans le milieu, pour empêcher & exclure toute lumiere étrangère qui viendroit d'un autre objet que de celui que l'on veut obſerver. La grandeur de ſon ouverture doit être proportionnée à celle du verre objectif qui eſt enfermé à l'extrémité du tuyau oppoſé qui le reçoit. L'ouverture du diaphragme eſt aſſez ordinairement du tiers du diametre de l'objectif.

Pour faire une bonne Lunette à deux verres, il faut que la courte-vûe ſoit façonnée des deux côtés, ce qui n'eſt pas néceſſaire pour le verre convexe qui lui ſert d'objectif. Car il ſuffit que le plan ſoit parfait, ſoit pour la matiere & pour le travail, c'eſt-à-dire, bien douci, bien poli; ſoit encore pour la régularité du plan, dont on connoîtra aiſément le défaut en préſentant ce plan à un objet fort éclairé. Si cet objet s'y

dépeint d'une maniere confuſe , ou ſi
on voit doubler les bords de l'extrémité
de cet objet , ce ſont des marques certaines de l'irrégularité du plan. Comme
il n'eſt pas aiſé de réuſſir à avoir des
plans parfaits, voici le parti qu'il faut
prendre. Il faut doucir une ſeconde fois ces plans ſur un baſſin nommé ordinairement rondeau , qui n'ait
aucun foyer, c'eſt-à-dire, parfaitement
droit , lequel doit être poli auſſi ſur le
même rondeau ; après quoi on le pré-
ſentera une ſeconde fois au jour , pour
s'aſſûrer qu'il rend les objets d'une maniere ſimple & tranchée. Il faut bien
obſerver auſſi l'égalité d'épaiſſeur dans
la matiere , autrement le foyer du verre
ne feroit pas au centre du diametre,
condition abſolument néceſſaire pour
faire une bonne Lunette , ſoit à deux ,
ſoit à quatre verres.

On peut faire de bonnes Lunettes
d'Opéra de différentes longueurs avec
ces proportions-ci.

Une courte-vûe de 20 lignes avec

un objectif de cinq pouces, ou cinq pouces six lignes de foyer.

Une courte-vûe de dix-huit lignes avec un objectif de quatre pouces, ou quatre pouces six lignes.

Plus le verre concave est d'un foyer court, plus il allonge la Lunette.

Si l'on veut faire une Lunette plus longue que ne font ordinairement les Lunettes de Spectacle, il faut mettre une courte-vûe de vingt lignes avec un objectif de sept pouces, la Lunette aura cinq pouces de tirage ou longueur.

Autres proportions.

Pour une Lunette d'un pouce & demi, une courte-vûe de huit lignes avec un objectif de deux pouces.

Pour la Lunette de deux pouces & demi, une courte-vûe de dix lignes, & un objectif de deux pouces.

Pour une Lunette de trois pouces, une courte-vûe de onze ou douze lignes, & un objectif de trois pouces.

Pour une Lunette de trois pouces & demi, une courte-vûe de treize à quatorze ligne, avec un objectif de trois pouces.

Pour une Lunette de quatre pouces, une courte-vûe de treize à quatorze lignes, avec un objectif de quatre pouces & demi.

Pour une Lunette de six pouces en deux tuyaux, une courte-vûe de seize lignes, avec un objectif de six pouces.

Pour une Lunette de sept pouces, une courte-vûe de dix-huit lignes, avec un objectif de huit pouces, ou huit pouces & quelques lignes.

Pour une Lunette à trois tuyaux, une courte-vûe de vingt-quatre lignes, avec un objectif de douze à quatorze pouces.

Pour une Lunette à quatre tuyaux, une courte-vûe de trente-trois lignes, avec un objectif de seize à dix-huit pouces.

Il est une derniere forte de Lunette d'Opéra, qu'on nomme communément

F iv

Lunette de jaloufie, qui a les mêmes proportions que la premiere, quant à la façon des verres, mais dont la différence confifte à avoir un miroir expofé obliquement dans une boëte percée à jour par devant, qui tient à vis à l'extrémité de l'objectif. Son ufage eft de nous faire voir directement des objets que nous femblons regarder de côté, parce qu'alors ce n'eft pas l'objet même que nous voyons, mais fa repréfentation dans le miroir. On auroit pû les nommer Lunettes de bienféance, puifqu'il n'y a rien qui y foit plus contraire, que de prendre une Lunette ordinaire d'Opéra pour regarder quelqu'un en face. Les perfonnes qui ont la vûe courte fe ferviroient plus volontiers de ces fortes de Lunettes, que ceux qui ont la vûe longue, parce qu'ils font ordinairement mieux vûs de plus loin par ces derniers, qu'ils ne les voyent eux-mêmes de plus près ; d'ailleurs ceux qui ont la vûe longue, peuvent de plus loin cacher l'inftrument qui fert à regar-

der quelqu'un qui se présente à eux,
qu'ils ne peuvent cependant pas reconnoître par le seul secours de leurs yeux.
Cette espéce de Lunette est toujours
inférieure aux Lunettes ordinaires, parce
que les rayons réfléchis font des impres-
sions plus foibles que les rayons directs.

CHAPITRE CINQUIEME.

De la Lunette d'approche à quatre verres convexes, & du Telescope à deux verres convexes.

LA Lunette d'approche à quatre verres, composée de plusieurs tuyaux,
selon la longueur que l'on veut lui donner, voyez planche III. figure 6ᵉ, a pour
premier verre un objectif que l'on nomme ainsi, parce qu'il est placé vers l'objet; il est convexe d'un côté, ou des
deux côtés, & doit être d'une certaine épaisseur, afin qu'en l'enfermant
dans la boëte qui est à l'extrémité de la

Lunette d'approche , il ne foit pas fufceptible de l'impreffion que la vis pourroit faire fur lui, laquelle altéreroit la
courbure de fon foyer, felon l'effort
plus ou moins grand que l'on feroit
pour ferrer la vis; elle a trois autres
verres que l'on nomme oculaires, parce
qu'ils font du côté de l'œil. Ces trois
verres doivent toujours être convexes
des deux côtés. Elle nous rapproche
& fait voir les objets plus grands qu'ils
ne le font en eux-mêmes. Toutes les
réfractions que les rayons de lumiere
qui paffent par cette Lunette, fouffrent
en traverfant les verres de cet inftrument, nous rendent à la vérité l'objet
moins clair qu'il ne paroîtroit à la fimple vûe, mais elle les rapproche de
maniere qu'il paroît n'être éloigné de
nous que de la longueur de la Lunette
qui nous fert à l'obferver.

Pour obferver les Aftres, on fuppri-
me de la Lunette d'approche deux oc-
culaires, & elle devient une feconde
forte de Lunette , qu'on raccourcit en

faisant rentrer en dedans le dernier tuyau, dont l'usage n'étant que pour les objets fort éloignés, tels que sont les Astres, lui a fait donner le nom de Telescope; l'instrument est alors composé de deux verres d'un objectifs & d'un oculaire, qui nous fait paroître les objets renversés, & plus petits qu'ils ne sont, mais d'une maniere plus claire & plus distincte. L'objet paroît renversé, parce que les rayons partis des extrémités de cet objet, se croisent en traversant les verres.

Dans la Lunette d'approche à quatre verres, les rayons se croisent plus souvent. Voyez la planche III. figure premiere. Premierement, entre l'objectif A. & le premier oculaire B. cette premiere transposition renverse l'objet. Secondement, entre les deux derniers oculaires C. D. ces verres redressent l'objet, & détruisent l'effet du premier renversement. 3°. Les rayons se coupent dans le fond de l'œil sur la rétine E. F. & renversent l'objet, & le représentent.

de la maniere qu'il doit être vû ; car l'ame rapporte la vûe des objets à l'extrémité des rayons droits qui touchent l'organe de la vûe. Cette Lunette femble être d'intelligence avec l'œil, pour détourner trois fois de leur route les rayons de lumiere qui partent des extrémités de l'objet : & pour en donner la repréfentation entiere d'une maniere droite & naturelle, par une raifon contraire : fi l'on veut voir l'objet renverfé, il faudra qu'il foit peint fur la rétine dans une fituation droite. Tel eft l'effet du Telefcope de réfraction, qui n'a que deux verres, ne produit que deux changemens. Voyez planche III. figure 2ᵉ. Le premier fe fait entre les deux premiers verres A. B. & la feconde entre le verre C. & la rétine D. E. d'où fuit la tranfpofition des rayons qui peignent alors l'objet renverfé.

Dans la Lunette d'Opéra dont on a parlé dans le Chapitre précédent, les rayons de lumiere parviennent à l'œil fans fe couper. Voyez figure III. planche 3°. cette Lunette augmente l'apparence des objets, parce qu'elle rend les rayons fort divergens, & presque paralleles lorsqu'ils entrent dans l'œil. Cependant elle grossit moins les objets que ne feroit la Lunette à quatre verres, non-seulement parce qu'elle n'est pas si composée, mais encore parce que son oculaire diminuant les objets par lui-même, altère la réfraction du cristallin, qui sert à peindre sur la rétine la représentation des objets.

La différence qu'il y a entre l'effet d'une Lunette d'approche & d'un Telescope de réfraction, c'est que l'une grossit plus les objets que l'autre; & l'avantage que le Telescope a sur la Lunette d'approche, c'est qu'il fait voir l'objet avec plus de clarté & de distinction. Je l'appelle *Telescope de réfraction,* parce qu'il en est un autre qu'on nomme Telescope de réflexion, composé de miroirs de métal & d'oculaires, dont on doit la découverte au célèbre Newton, & la perfection à de grands

Artiftes d'Angleterre. Meffieurs Paris,
Gonichon, & Paffemant, à Paris, fe
font rendus très-habiles dans la compofition de ces derniers Telefcopes.

Régles pour la compofition de la Lunette *d'approche.*

Les tuyaux qui compofent la Lunette d'approche doivent avoir à leur
extrémité des diaphragmes dont l'ouverture foit proportionnée à la grandeur
du verre objectif, qui eft le verre principal d'une Lunette d'approche. Plus
cet objectif fera parfait, plus il donnera d'ouverture, & nous fera voir l'objet
d'un plus grand champ dans le dernier
tuyau. On place les trois oculaires,
éloignés les uns des autres de la longueur du foyer du baffin dans lequel ils
ont été travaillés des deux côtés, c'eft-
à-dire, à trois pouces l'un de l'autre,
s'ils ont été tous travaillés dans un baffin
de trois pouces de foyer. Par cette po-
fition, les rayons fe croifent à dix-huit

lignes de diftance , & caufent le renverfement de l'objet qui fe fera voir d'une
maniere claire & diftincte, fi les oculaires font façonnés régulierement : quelquefois on ne met que deux oculaires
égaux de foyer entte eux, & le troifiéme eft d'un foyer, ou plus court, ou
plus long ; plus court fi l'on veut forcer
& groffir davantage l'image de l'objet,
plus long fi on veut le voir plus clairement & plus diftinctement ; mais cet
oculaire étant d'un foyer différent des
deux autres , fe placent différemment.
Les uns le mettent le premier après
l'objectif qui eft placé à l'extrémité du
tuyau antérieur, les autres premiers du
côté de l'œil , mais toujours de façon
qu'il procure avec celui des oculaires
vis-à-vis duquel il eft placé, la vûe de
l'objet renverfé : & pour s'affûrer du renverfement de l'image de l'objet par les
trois oculaires, foit qu'il y ait entre eux
égalité de foyer, foit qu'il n'y en ait
point, il faut fupprimer celui du côté
de l'objectif, ou celui du côté de l'œil

l'un après l'autre , parce que tous les trois enfemble rendent infenfibles ce renverfement , qui eft effentiel à une bonne Lunette d'approche. Le dernier oculaire qui eft le plus proche de l'œil, & le fecond qui eft du côté de l'objectif, doivent avoir entre eux un diaphragme d'une ouverture des deux tiers de leur diametre ; celui qui eft le plus près de l'œil doit en être éloigné de la longueur de fon foyer ; c'eft-à-dire, que fi le verre a dix-huit lignes , il doit être éloigné de l'œil de dix-huit lignes. Le tuyau porte-oculaire peut être tiré plus ou moins, felon la difpofition de ceux qui s'en fervent ; mais les autres tuyaux doivent refter à la marque déterminée de la longueur de la Lunette d'approche. Paffons maintenant aux différentes proportions des verres qui doivent fe régler fur la diverfité des longueurs des Lunettes d'approche.

Proportion

Proportion des foyers des objectifs & des oculaires de la Lunette d'approche à quatre verres, & du Telescope à deux verres, diametre ordinaire des objectifs & des oculaires , & de l'ouverture que doivent avoir les diaphragmes des objectifs de différens foyers.

Pour une Lunette d'un pied, l'objectif doit avoir sept pouces six lignes, ou huit pouces de foyer, & huit lignes de diametre ; ouverture de l'objectif, trois lignes & demie, ou quatre lignes ; foyer des oculaires, onze à douze lignes ; diametre ordinaire des oculaires, six lignes.

Pour une Lunette de quatorze ou quinze pouces.

Foyer de l'objectif, neuf ou dix pouces.

Son diametre, huit lignes.

Son ouverture, quatre lignes.

Foyer des oculaires, treize ou quatorze lignes.

Grandeur des oculaires, cinq lignes,

G

Pour une Lunette de dix-huit pouces.

Foyer de l'objectif, quatorze ou quinze pouces.

Diametre de l'objectif, huit lignes & demie.

Son ouverture, quatre lignes & demie.

Foyer des oculaires, quatorze ou quinze lignes.

Leur diametre, six lignes.

Pour une Lunette de vingt pouces.

Foyer de l'objectif, quatorze ou quinze pouces.

Diametre, neuf lignes.

Son ouverture, cinq lignes & demie.

Foyer des oculaires, quinze ou dix-huit lignes.

Leur diametre, six lignes.

Pour une Lunette de deux pieds.

Foyer de l'objectif, 18 ou 20 pouces.

Diametre, 10 lignes.

Son ouverture, 6 lignes.

Foyer des oculaires, 18 ou 20 lig.

Leur diametre, 7 lignes.

Pour une Lunette de trente ou tren-te-deux pouces.

Foyer de l'objectif, 24 ou 26 pouces.

Diametre, 12 lignes.

Son ouverture, 6 lignes $\frac{1}{2}$.

Foyer des oculaires, 20 ou 24 lig.

Leur diamettre, 9 lignes.

Pour une Lunette de trois pieds.

Foyer de l'objectif, 28 ou 30 pouces.

Diametre, 14 lignes.

Son ouverture, 6 ou 7 lignes.

Foyer des oculaires, 20, 21 ou 22 l.

Leur diametre, 10 lignes $\frac{1}{2}$.

Pour forcer la vûe de l'objet donné à l'oculaire du côté de l'œil, 18 li-gnes de foyer.

Pour une Lunette de quarante pou-ces.

Foyer de l'objectif, 28, 33 ou 34 p.

Son diametre, 15 à 16 lignes.

Son ouverture, 7 lignes.

Foyer des oculaires, 22 lig. ou 2 p.

Leur diametre, 11 à 12 lignes.

Pour une Lunette de quatre pieds.
Foyer de l'objectif, 36 ou 40 pouces.
Diametre, 18 lignes.
Son ouverture, 7 lignes $\frac{1}{2}$.
Foyer des oculaires, 24 ou 27 lig.
Leur diametre, 12 lignes.

Pour une Lunette de cinq pieds.
Foyer de l'objectif, 4 pieds.
Diametre 20 lignes.
Son ouverture, 8 lignes.
Foyer des oculaires, 2 pouces $\frac{1}{2}$.
Leur diametre, 13 lignes.

Pour une Lunette de 5 pieds 6 pouces.
Foyer de l'objectif, 4 pieds $\frac{1}{2}$.
Son ouverture, 8 lignes.
Premier ou dernier oculaire, 2 pouces 6 lignes de foyer.
Les deux autres, 3 pouces de foyer chacun.
Grandeur de l'oculaire, 13 ou 14 l.

Pour une Lunette de six pieds.
Foyer de l'objectif, 5 pieds.
Diametre, 21 lignes.

Son ouverture, 9 lignes.

Foyer des oculaires, 2 pouces 6 lignes, ou 3 pouces.

Sa grandeur, 14 ou 15 lignes.

Pour une Lunette de sept pieds.

Foyer de l'objectif, 5 pieds ½ ou 6 pieds.

Son ouverture, 9 ou 10 lignes.

Foyer de l'oculaire, 3 pouces 3 lig.

Sa grandeur, 15 ou 16 lignes.

Pour une Lunette de huit pieds.

Foyer de l'objectif, 7 pieds.

Son ouverture, 11 lignes.

Foyer de l'oculaire, 3 pouces 6 lignes, ou 44. lignes.

Sa grandeur, 15 ou 16 lignes.

Pour une Lunette de neuf pieds.

Foyer de l'objectif, 8 pieds.

Son ouverture, 12 lignes.

Foyer de l'oculaire, 44 ou 48 lig.

Sa grandeur, 16 ou 17 lignes.

Pour une Lunette de 10 ou 12 pieds.

Foyer de l'objectif, 9 ou 10 pieds.

Son ouverture, 12 lignes.

Foyer de l'oculaire, 4 pouces, ou 4 pouces 6 lignes.

Sa grandeur, 17 ou 18 lignes.

Autres proportions selon d'autres Artistes.

Pour une Lunette de trois pieds.

Foyer de l'objectif, 20 ou 21 pouces.

Les deux premiers oculaires, de 2 pouces.

Le troisiéme du côté de l'objectif, de 2 pouces $\frac{1}{4}$. La Lunette tirera trois pieds justes.

L'ouverture de l'objectif, comme nous venons de dire ci-devant.

Pour une Lunette de 3 pieds & demi.
Foyer de l'objectif, 30 pouces.
Trois oculaires de foyer différens.
Le premier du côté de l'œil, de 2 pouces de foyer.

Le second, de 2 pouces $\frac{1}{4}$.

Le troisiéme, de 2 pouces. La Lunette aura 46 pouces de long.

Pour une Lunette de cinq pieds & demi.

Foyer de l'objectif, 4 pieds.

Trois oculaires de 2 pouces $\frac{1}{4}$.

Si on veut la rendre plus claire, on mettra le premier oculaire du côté de l'objectif de 3 pouces de foyer.

Ouverture de l'objectif, 10 lignes.

Pour une Lunette de sept pied.

Foyer de l'objectif, 5 pieds, ou 5 pieds $\frac{1}{2}$.

Les trois oculaires façonnés des deux côtés dans un bassin de 6 pouces $\frac{1}{2}$, qui produiront 3 pouces $\frac{1}{4}$ de foyer,

Ou bien mettez trois oculaires de différens foyers; sçavoir un de 2 pouces $\frac{1}{2}$, un de 3 pouces $\frac{1}{4}$, & un de 4 pouces $\frac{1}{4}$.

Autres proportions pour des Lunettes à quatre verres de différentes longueurs.

Pour une Lunette de sept pieds.

Foyer de l'objectif, 5 pieds.

G iv

Trois oculaires égaux de 3 pouces $\frac{1}{4}$ de foyer.

Si on veut qu'elle grossisse davantage, il faut que l'oculaire qui est le plus près de l'objectif soit de 3 pouces de foyer. Il faut prendre garde que le diaphragme ne soit, ni trop grand, ni trop petit pour cette grandeur de Lunette.

L'objectif doit avoir 8 à 9 lignes d'ouverture. Il faut des diaphragmes à l'extrémité de tous les canons, & que le diaphragme qui est placé après le dernier oculaire, soit un peu plus grand que celui d'entre les deux premiers oculaires : en un mot, ces diaphragmes doivent s'agrandir successivement jusqu'à l'objectif, lequel, s'il est parfait, souffrira 1 2 lignes d'ouverture.

Pour une Lunette de neuf pieds.

Foyer de l'objectif, 7 pieds avec trois oculaires ; sçavoir les deux premiers du côté de l'œil de trois pouces & demi , & le troisiéme du côté de l'objectif, de 3 pouces $\frac{1}{4}$, ou même 3 pouces , si on veut que la Lunette grosfiffe beaucoup. Je fuppofe l'objectif des meilleurs, en ce cas quand il auroit un demi pied de plus de foyer que nous n'avons dit, il pourroit fort bien fervir pour cette longueur de Lunette. Le diaphragme de 7 lignes ½ d'ouverture entre les oculaires de 3 pouces ½ de foyer.

Proportions pour les Telefcopes de réfraction.

Pour les Aftres on peut faire des Telefcopes de réfraction de différentes longueurs. Le plus court eft celui de 4 pieds, auquel on met un objectif de 4 pieds de foyer, & 18 lignes de diametre, avec un oculaire de 20 lignes de foyer, & 10 à 12 lignes de diametre.

Pour un Telefcope de cinq pieds.
L'objectif, 5 pieds de foyer, & 20 lignes de diametre, avec un oculaire de 2 pouces de foyer, & 13 lignes ½ de diametre.

Pour un Telescope de six pieds de longueur.

. L'objectif doit avoir 6 pieds de foyer.

Vingt lignes de diametre.

Son oculaire, 2 pouces 3 lignes de foyer.

De diametre, 15 lignes.

Pour un Telescope de huit pied.

Un objectif de 8 pieds.

Diametre, 2 pouces.

Son oculaire, de 2 pouces $\frac{1}{2}$ de foyer.

Diametre, 16 lignes.

Pour un Telescope de dix pieds.

Un objectif de 10 pieds.

Son diametre, de 2 pouces.

Son oculaire, de 2 pouces $\frac{1}{2}$ de foyer.

De diametre, 18 lignes.

Pour un Telescope de douze pieds.

Un objectif de 12 pieds.

Son diametre, 2 pouces.

Son oculaire, 3 pouces de foyer.

Son diametre, 20 lignes.

Cette forte de Lunette d'approche fait paroître les objets renverfés ; mais il importe peu en quelle fituation les Aftres paroiffent, on s'accoûtume bientot à diftinguer leur partie orientale d'avec l'occidentale.

Il ne faut pas fuivre à la lettre toutes les régles & proportions que nous venons de donner, il faut avoir égard à la bonté des verres. Plus l'objeétif fera parfait, plus il fouffrira aifément une grande ouverture ; au contraire, s'il n'eft pas excellent, fon ouverture aura moins de champ, & fes oculaires devront être d'un foyer plus long.

Maniere d'éprouver fi un objeétif eft bon ; & maniere de fçavoir en quelle proportion une Lunette d'approche groffit le diametre des objets.

Vos verres étant préparés pour une Lunette d'approche d'une longueur déterminée, fi vous voulez éprouver entre plufieurs objeétifs lequel eft le meilleur, voici deux manieres de le faire.

Premierement , on peut eſſayer un objeċtif avec un des trois oculaires qui lui ſont deſtinés , en ſerrant les tuyaux juſqu'à ce que l'objet ſe faſſe voir avec clarté & diſtinċtion , mais renverſé ; ce qui n'empêchera pas de connoître auquel des objeċtifs qu'on a à eſſayer on doit donner la préférence. Un objeċtif qui ne donnera qu'une vûe confuſe de l'objet doit être rejetté.

Secondement , on peut eſſayer un objeċtif de ſept à huit pouces de foyer ; par exemple , avec une courte-vûe de quinze lignes de foyer ; avec cette ſorte de verre , les objets ne vous paroîtront pas renverſés , mais droits.

Un objeċtif de neuf , dix , douze ou quatorze pouces de foyer , peut être combiné avec un verre concave de vingt ou vingt-quatre lignes.

Celui de ſeize , dix-huit , vingt , vingt-quatre pouces , avec un verre concave de vingt-quatre lignes.

Un objeċtif de trente ou trente-ſix pouces , avec une courte-vûe de trente

ou trente-six lignes, & ainsi des autres
à proportion.

Si on veut sçavoir en quelle proportion une Lunette grossit les objets,
voici une maniere d'en faire le calcul:
divisez la longueur du foyer de l'objectif par le foyer de l'oculaire, le quo-
tient donnera le nombre de fois que
la Lunette grossit le diametre de l'objet. Soit, par exemple, une Lunette à
quatre verres dont l'objectif est de cinq
pieds de foyer, & l'un de ses oculaires
de trois pouces; il faut compter combien de fois le nombre de trois se trouve dans soixante, vous l'y trouverez
vingt fois, donc la Lunette d'approche ainsi proportionnée donne une apparence vingt fois plus grande que
l'objet.

D'autres Artistes disent, je ne sçai
sur quel fondement, qu'un objectif
d'un pied de foyer, avec un oculaire
dont nous venons de donner les proportions, représente les objets douze
fois plus grands; un objectif de deux

pieds, vingt fois ; un de trois pieds,
vingt-fept fois ; un de quatre pieds,
trente-trois fois ; un de cinq pieds, qui
felon le calcul que nous venons de marquer, ne donneroit l'apparence de l'objet que vingt fois plus grande, l'augmente felon eux jufqu'à trente-huit. L'objectif de fix pieds jufqu'à quarante-trois,
celui de fept pieds à quarante-huit,
celui de huit pieds à cinquante-deux,
celui de neuf pieds à cinquante-quatre,
celui de dix pieds à foixante, celui de
onze pieds à foixante & quatre, celui de
douze pieds à foixante & huit, celui
de treize pieds à foixante & douze, celui de quatorze pieds à foixante & quinze, celui de quinze pieds à quatre-vingts,
celui de feize pieds à quatre-vingt-deux,
celui de dix-fept pieds à quatre-vingt-fix,
celui de dix-huit pieds à quatre-vingt-
neuf, celui de dix-neuf pieds à quatre-
vingt-douze, celui de vingt pieds à
quatre-vingt-feize fois, celui de vingt
& un pieds à quatre-vingt-dix-neuf,
celui de vingt-deux pieds à cent deux,

celui de vingt-trois pieds à cent cinq,
celui de vingt-quatre pieds à cent huit,
celui de vingt-cinq pieds à cent douze,
celui de vingt-six pieds à cent quatorze,
celui de vingt-sept pieds à cent seize,
celui de vingt-huit pieds à cent dix-huit,
enfin celui de trente pieds à cent-vingt-
cinq fois. Comme on en fait rarement
de plus longues, il est inutile d'aller plus
loin, & je laisse aux sçavans à décider
quel est le sentiment le plus probable.

Nous allons parler maintenant des
effets de la Lunette d'approche &
du Telescope, utiles l'un & l'autre
aux vûes courtes, comme aux vûes
longues. Je suppose les premieres,
courtes de naissance & bonnes, car
pour celles qui de longues qu'elles
étoient en naissant, sont devenues courtes par accident, ou par maladie, rarement leur sont-elles de quelque utilité : pour les vûes longues, si foibles
qu'elles soient, elles en tireront toujours
quelque avantage.

Des effets de la Lunette d'approche.

La Lunette d'approche à quatre verres, compofée d'un objectif & de trois oculaires, & longue de fix pieds, eft celle dont on fait le plus ordinairement d'ufage pour la terre, fur-tout quand on peut avoir cinq ou fix lieues d'horizon ou de pays à parcourir, & que les objets interpofés ne peuvent pas y borner la vûe. Cette Lunette nous repréfente l'image de l'objet plus grande qu'il n'eft, & féparant, ou diftinguant mieux fes différentes parties, en rend l'impreffion plus forte dans le fond de l'œil. Ainfi elle nous procure des fenfations très-agréables. Souvent on prend plaifir à voir diftinctement des endroits éloignés, à remarquer ce qu'on y fait, à fe récréer la vûe d'une multitude d'objets inférieurs, quand on eft placé fur un lieu élevé pendant un tems ferain. On examine encore des campemens d'armées, des fiéges de ville, leur attaque & leur défenfe. On

voit

voit de loin ſi les ennemis ſont en grand nombre , leurs préparatifs , leurs travaux , leurs approches , quelquefois même leurs ſtratagêmes.

Pour découvrir ſur mer les objets éloignés, on ſe ſert de Lunettes plus courtes. Elles n'ont ordinairement que trois pieds ou trois pieds & demi , ou quatre pieds tout au plus : on obſerve & on reconnoît avec cet inſtrument les Vaiſſeaux qui paſſent , & ceux qui approchent du port.

Effets du Teleſcope à réfraction.

Le Teleſcope à réfraction eſt deſtiné à nous faire faire des obſervations dans le Ciel, que les Anciens ont ignorées faute de ce ſecours. On prétend remarquer dans la Lune des montagnes , des vallées , des plaines , des mers , des fleuves , des forêts , & d'autres plages , qu'on croit être des champs & des terres , au rapport des Philoſophes & des Aſtronomes:on en conclut que cet Aſtre eſt un corps raboteux & inégal , ſembla-

H

ble à la terre que nous habitons, car à
mesure que la Lune s'approche ou s'é-
loigne du Soleil, les ombres de ces
montagnes éclairées obliquement, &
qui forment une partie de ses taches,
deviennent plus grandes ou plus petites. Dans la pleine Lune ces ombres font plus petites que dans les
autres phases, & même plusieurs disparoissent, parce que les rayons du Soleil y font reçûs plus directement au
bord de la partie éclairée lorsqu'elle
croît ou décroît.

Pour observer le Soleil, il faut avoir
la précaution de mettre un verre de
couleur d'un verd foncé devant l'oculaire, afin que l'œil ne soit pas la vic-
time de l'observation, & donner très-
petite ouverture au diaphragme de l'objectif. Pour sçavoir si les taches que
l'on croit être dans le Soleil font des défauts des verres, il n'y a qu'à tourner les
tuyaux de la Lunette, mettant le dessus
dessous, & le dessous dessus : alors si
les taches font dans quelques verres,

elles tourneront comme la Lunette ; si elles sont dans le Soleil, elles demeureront toujours dans la même place.

Les Telescopes de réfraction nous font voir un nombre incroyable d'étoiles dans les endroits mêmes du ciel où l'on ne pensoit pas qu'il y en eut. Ils nous apprennent que cette blancheur que nous voyons au ciel daus un tems serein, appellée *voie lactée*, n'est qu'une multitude d'étoiles, que l'on prétend même être autant de Soleils ou de satellites semblables à notre Soleil & à notre Lune, mais beaucoup plus éloignés qu'eux : pour découvrir un grand nombre d'étoiles fixes dans les endroits du ciel où on en voit très-peu avec les yeux, il faudra donner à l'objectif du Telescope une grande ouverture , & retrancher entierement le diaphragme.

CHAPITRE SIXIEME.

Des Microscopes.

Microscope eſt un terme Grec, qui
ſignifie un inſtrument qui ſert à
voir de petits objets. Le petit nombre
des rayons de lumiere qui partent de
la ſurface d'un objet extrémement petit nous le rend inſenſible, parce qu'a-
lors il ne peut ſe réunir ſur la rétine en
aſſez gtande quantité pour y tracer l'i-
mage de l'objet. L'invention du Microſcope a remédié à ce défaut ; cet
inſtrument raſſemble tous les rayons qui
ſe diſperſeroient avant que d'entrer dans
l'œil, & nous procure par-là le ſpectacle d'une infinité de beautés inconnues
à nos peres. C'eſt l'extrême convexité
des verres dont il eſt compoſé, qui
réunit dans un ſeul foyer tous les rayons
de lumiere partie de chaque point de
l'objet : cette réunion étant faite, tout

ce qui avoit été pour nous invisible, nous devient aussi sensible que des objets un millier de fois plus gros, & les vûes les plus foibles aidées de cet instrument deviennent aussi perçantes que celles qui sont naturellement le mieux disposées. Voyez planche IV. figure premiere.

Division des Microscopes.

Il y a deux sortes de Microscopes. L'un est simple, & l'autre composé.

Le Microscope simple est d'une seule lentille.

Le Microscope composé est de trois sortes; le premier est composé de deux verres, sçavoir, d'un oculaire & d'une lentille; le second de trois verres, sçavoir de deux oculaires & d'une lentille; le troisiéme de deux oculaires & de plusieurs lentilles, qui s'appliquent dessous le second oculaire les unes après les autres, au nombre de deux, quatre ou six de différens foyers, pour grossir par degrés les objets. Le dernier Microscope composé est appellé ordinairement Microscope universel, parce que sa construction est plus composée que celle du second ; il sert à nous faire voir les qualités des solides & des fluides , & le mouvement interne des liqueurs, tel que la circulation du sang dans les animaux.

Des Microscopes simples.

Le Microscope le plus simple est celui qui est d'une seule *lentille* ; lorsque cette lentille n'a qu'une ligne ou une demi-ligne de foyer, on la place entre deux petites plaques de plomb en feuille bien minces , après avoir fait avec la pointe d'une aiguille bien fine une ouverture au centre de ces deux plaques. On peut faire de ces sortes de lentilles bien promptement : on prend un petit morceau de glace qu'on enleve au bout de la pointe d'une aiguille mouillée, & on la présente au feu d'une lampe allumée, & animée par le vent d'un chalumeau le plus court qu'il sera possible :

dans l'inftant la glace fe fond, & forme un petit globe qui fert de lentille, dont le foyer eft d'un quart de ligne, d'une demi-ligne, & quelquefois d'une ligne.

Cette forte de Microfcope s'appelle *engifcope*, dont l'étymologie fe tire de la langue Grecque, & fignifie que l'objet doit être placé bien près de la lentille pour être vû : la furface convexe de ces petites lentilles étant fort proche des objets & des yeux, les rayons de lumiere s'y brifent davantage, & font reçûs en plus grande quantité dans la prunelle, à caufe de la petiteffe de ces verres.

Le Microfcope à boëte n'eft auffi compofé que d'une lentille élevée fur une efpéce de tuyau cimenté en haut & en bas : on le place fur une boëte, dont la longueur peut porter des lentilles de huit, dix, douze & quatorze lignes. Il faut que ce canon de verre foit de la mefure précife du foyer de la lentille.

Il eft une autre forte de Microfcope

simple, autrement appellé *Loupe* ; c'eſt un gros verre convexe des deux côtés, dont le foyer eſt extrémement court, comme d'un pouce, ou de dix-huit lignes. Les Graveurs, les Horlogers, les Cizeleurs & autres Artiſtes, ſe ſervent communément de cet eſpéce de Microſcope pour pouſſer leurs ouvrages à un certain point de perfection. Elles ſervent auſſi à déchiffrer les vieilles écritures, à connoître les défauts des diamans, des dentelles, *&c.*

Autre Microſcope, appellé communément Microſcope en Lunette d'approche.

Ce Microſcope eſt compoſé de deux tuyaux garni de deux bonnettes d'ébenc aux deux extrémités, leſquelles ſont percées à jour l'une & l'autre. Le premier tuyau a une vis & un écrou, pour recevoir la lentille, qui eſt renfermée dans le couronnement de la boëte, laquelle eſt pareillement à vis, & que l'on démonte quand on veut eſſuyer la lentille : le dernier tuyau peut être tiré

autant qu'il eſt beſoin, pour faire appercevoir l'objet d'une maniere claire &
diſtincte. Il porte ſur une rénure intérieure deux glaces, dont l'une eſt ſphé-
rique & placée au centre, & l'autre
plane des deux côtés; c'eſt ſur cette
derniere que l'on aſſujettit les objets que
l'on veut obſerver, tels que les inſectes
vivans renfermés dans les liqueurs. Cette eſpéce de Microſcope ne peut ſervir qu'à conſidérer les corps diaphanes
ou tranſparens.

Deſcription méchanique, & uſage d'une
derniere ſorte de Microſcope ſimple,
appellé Microſcope à genouil.

Le Microſcope ſimple, appellé
communément Microſcope à genouil,
dont je vais décrire la conſtruction, eſt
fait avec un cylindre d'argent ou de cuivre, figure II. planche 4 A. B. attaché
par A. à un pied qui ſert de ſoutien à
toute la machine. La partie ſupérieure
B. ſe joint à un autre cylindre de même
matiere, auquel il eſt lié, de ſorte qu'on

peut fléchir à volonté, c'eft-à-dire, élever ou abaiffer la pointe C. du petit cylindre, ce qui forme une efpéce de genouil. Cette pointe étant à vis entre dans l'écrou du cercle C. D. qui borde une petite boëte ou porte-lentille d'ébene, confiftant en une calotte qui tourne à vis pour retirer la lentille, & l'effuyer quand il eft néceffaire. Cette petite boëte eft percée à jour des deux côtés; l'ouverture du côté de la lentille eft plus petite que celle du côté de l'œil, parce qu'elle doit être proportionnée au foyer de la lentille. Il faut avoir foin de ne pas approcher le verre fi près de l'œil, qu'il puiffe être terni par la tranfpiration de cet organe. On ne peut pas avoir moins de deux lentilles & porte-lentilles, fi on veut faire quelques obfervations un peu intéreffantes, l'un pour les folides, avec une lentille d'environ cinq ou fix lignes de foyer, & l'autre pour les liquides & la circulation du fang dans les animaux, avec une lentille de deux lignes, deux lignes &

demie, ou trois lignes de foyer tout au plus. Le long de la branche de ce Microscope est une coulisse qui monte & descend par le moyen d'un petit ressort, à laquelle tient aussi une pince un peu longue, qui sert à fixer les animaux que l'on veut voir vivans, & que l'on peut considérer des différens côtés, par les mouvemens divers que l'on fait faire à la pince en la tournant, l'avançant & la reculant. A l'extrémité de cette pince est un tambour E. noir d'un côté, & blanc de l'autre, qui sert de porte-objet. Les objets blancs se mettent sur le côté noir, & les noirs sur le côté blanc, que l'on fait tourner & approcher de la lentille, jusqu'à ce que l'objet se découvre avec la clarté & la distinction requise.

Pour observer différens animaux, démontez le tambour E. vous trouverez à l'extrémité du pas de vis une pointe qui entroit dans l'écrou placé dans l'épaisseur du tambour, laquelle vous servira à les embrocher, de même qu'à viser sur le même pas de vis une palette percée à jour, pour recevoir une goutte de liqueur, qui la retient aifément en l'y trempant une fois. Si la premiere pê-che n'eſt pas avantageuſe, ce qui arri-vera ſur-tout quand il fait froid, il en faut faire pluſieurs à différentes repriſes. On peut auſſi fixer dans le bec de la pince de ce Microſcope, une petite ban-de de glace, pour recevoir des liqueurs, & y découvrir les ſerpentaux ou petites anguilles, telles que celles qui ſe trou-vent dans le vinaigre, ſur-tout dans ce-lui qui eſt compoſé. On peut y fixer, ſi l'on veut, certains petits animaux. Pour cet effet on les couvre d'un peu de talc de ſemblable grandeur de la glace, dont il faut faire tenir les extrémités avec un peu d'eau gomée. On verra auſſi la cir-culation du ſang dans les animaux en les fixant entre les deux pointes de cette pince. On les obſerve à la lumiere d'une chandelle ou bougie, encore plus commodement qu'à celle du jour.

Des Microscopes composés ; régles & proportions qu'il faut observer pour les faire.

Le premier Microscope composé est assorti de deux verres, sçavoir, d'un oculaire & d'une lentille ; & il y a deux tuyaux qui entrent l'un dans l'autre, de maniere que le premier puisse être tellement enfoncé dans l'autre, que le foyer de l'un des verres passe au-delà du foyer de l'autre. Celui qui doit être du côté de l'œil peut porter un oculaire d'un pouce, ou un pouce & demi de foyer. Le second tuyau porte une lentille d'environ deux ou trois lignes de foyer. Plus on écarte ces deux sortes de verres l'un de l'autre, plus l'objet est grossi, & paroît dans une situation droite & naturelle.

Autre proportion pour le premier Microscope composé de deux verres, sçavoir, d'un oculaire & d'une lentille ; l'oculaire aura quatorze ou quinze lignes de foyer, la lentille quatre, ou

quatre lignes & demie. La diſtance de
ces deux verres ſera de dix ou douze
lignes. On peut encore ſe ſervir ici d'un
oculaire d'un pouce , ou de quinze à
dix-huit lignes de foyer, avec une lentille de trois ou quatre lignes de foyer.

Le ſecond Microſcope compoſé de
trois verres , eſt pareillement aſſorti de
deux tuyaux; celui qui eſt du côté de
l'œil porte à ſon extrémité un verre, qui
eſt le premier oculaire, d'un pouce , ou
d'un pouce & demi de foyer ; & à l'autre bout, un verre de trois pouces, ou
trois pouces un quart, à la diſtance l'un
de l'autre d'environ trois pouces & demi. L'autre tuyau , dans lequel celui-ci
s'emboëte, porte une lentille de deux
lignes , deux lignes & demie , trois lignes , ou trois lignes & demie de foyer :
la diſtance entre le verre du milieu &
la lentille peut être de quatre pouces.
Il faut que le Microſcope ſoit monté de
façon qu'on puiſſe facilement l'éloigner
ou l'approcher de l'objet.

Voici une autre proportion d'un Microſcope à trois verres. Pour le premier oculaire, huit lignes de foyer; pour le ſecond, dix-huit lignes; pour la diſtance de ces deux verres, douze lignes; pour la lentille, quatre ou cinq lignes de foyer; diſtance de la lentille au verre du milieu, trente lignes.

Autres proportions.

Une lentille de quatre lignes de foyer, avec un ſecond verre de vingt-cinq ou trente lignes, & un oculaire de dix lignes, qu'il faut éloigner du ſecond verre de vingt lignes.

Autre proportion.

Pour le Microſcope à trois verres. Un premier oculaire de deux pouces de foyer, éloigné de l'œil de dix-huit lignes; un ſecond oculaire de quatre pouces, éloigné du premier de quatre pouces ſix lignes.

Derniere proportion.

Pour le Microſcope à trois verres,

Le premier oculaire, six lignes de foyer;
le second, douze lignes de foyer; la
lentille, deux lignes de foyer; distance
de l'œil au premier oculaire, quatre lignes; celle du premier oculaire au second, quinze lignes; celle du second
à la lentille, quatre lignes.

Le troisiéme Microscope composé,
appellé Microscope universel, est assorti
de deux tuyaux qui entrent l'un dans
l'autre; le premier, qui est du côté de
l'œil, porte un oculaire d'un pouce de
foyer, travaillé des deux côtés dans un
bassin de deux pouces; ce premier verre
doit être d'un diametre beaucoup plus
petit que le second, qui est à l'autre bout
opposé, & qui porte un pouce & demi de
foyer, façonné des deux côtés dans un
bassin de trois pouces; ils doivent être placés à environ deux pouces un quart de
distance l'un de l'autre: l'éloignement de
ce dernier verre à la lentille, peut être de
deux pouces trois quarts. On fait ordinairement usage avec ce Microscope de
quatre lentilles; la premiere doit avoir
cinq

cinq ou six lignes de foyer; la seconde, quatre lignes; la troisiéme, trois lignes; la quatriéme, une ligne & demie ou deux lignes. Le Cylindre qui renferme ces verres peut avoir, tout monté, sept pouces de hauteur. Avant que de donner la conftruction & l'ufage du Microfcope univerfel, il eft à propos de dire quelque chofe de la maniere de faire des lentilles.

De la façon de faire des lentilles.

Nous avons dit au commencement de ce Chapitre, qu'on pouvoit faire des lentilles au chalumeau : mais comme il en faut fouffler un grand nombre pour réuffir à quelques- unes, cette opération, qui d'ailleurs eft nuifible à la fanté, n'eft pas non-plus la voie la plus fûre ; il faut les travailler à la main autant que faire fe peut : cela demande quelques attentions, pour éviter ce que les Ouvriers appellent de les calbotter ; c'eft-à-dire, d'en renverfer trop les bords : cet

I

excès donne des lentilles d'un foyer plus court que le baſſin même dans lequel on les a faites , inconvénient qui n'eſt de conſéquence pour la ſuite, que parce que la courbure du baſſin venant à changer, ou plûtôt le baſſin prenant deux ſortes de courbures , on n'y peut plus faire de lentilles régulieres.

Les plus petites lentilles ſe peuvent faire à l'archet , évitant toujours avec ſoin un trop grand contour , qui en nous faiſant ſortir du baſſin , eſt ſujet à bien des inconveniens. Il faut dans cette opération , comme dans la façon des verres d'un plus grand diametre , s'écarter le moins que l'on peut de la ligne perpendiculaire aux différentes courbures des baſſins , comme nous l'avons dit ailleurs. Pour polir les plus petites lentilles , il faut pétrir un peu de papier, y imprimer la figure de la lentille ; & lorſqu'il ſera ſec, y mettre du tripoli de Veniſe, ou de la porée d'étain, & y polir la lentille à la main, ou à l'archet. On peut auſſi imprimer leur figure fur un morceau de carton, dans lequel on les polira de même.

Conftruction & ufage du Microfcope com-pofé, appellé Microfcope univerfel, à réflexion, & réfraction.

Le Microfcope compofé & univer-fel eft ainfi nommé, parce que fon ufa-ge eft plus général que celui des autres Microfcopes. Il nous découvre les qua-lités occultes des corps folides & des li-queurs ; on y joint un miroir expofé obliquement aux rayons de la lumiere, dans une boëte quarrée & percée à jour par devant, fur laquelle il eft monté, pour faire appercevoir les corps tranf-parens. Voyez figure I. planche 4e. c'eft pour cela qu'on l'appelle à réfle-xion. Mais afin d'éclairer les objets d'une lumiere plus vive & plus abon-dante que n'eft celle du jour, on y ajoûte encore une Loupe, montée à vis fur la partie fupérieure de la boëte, dans une efpéce de génouil. On place une bougie derriere cette Loupe, qui

occafionne de grandes réfractions de lumiere fur la furface extérieure de l'objet , & l'éclaire de la maniere du monde
la plus vive. Voilà pourquoi cet inftrument eft auffi appellé à réfraction.

On le nomme encore Microfcope à
trois verres, parce qu'il eft compofé de
deux oculaires, & d'une lentille, que
l'on peut changer à fon gré pour en
fubftituer d'autres plus fortes,felon l'exigence des fujets, qui plus ils font infenfibles, plus ils demandent des lentilles d'un foyer court. Les lentilles qui
fe peuvent combiner avec les deux oculaires renfermés dans le canon intérieur
du Cylindre de ce Microfcope , font
au nombre de quatre, fçavoir, deux
pour les folides, une autre pour les liqueurs, & la quatriéme pour voir la cir-
culàtion du fang dans la queue d'un té-
tard, par exemple, dans le mefantere
d'une grenouille, &c.

Pour obferver avec ce Microfcope,
il faut premierement démonter la vis
du haut de la Lunette du canon inté-

rieur, enfuite tirer le canon jufqu'aux
points marqués fur le velin à fleur du
Cylindre, revêtu de chagrin ou façon
de chagrin. Secondement, hauffer ou
baiffer le corps du Microfcope le long
de la tige de cuivre, vers l'objet qu'on
aura expofé fur un tourteau, lequel doit
être placé dans l'ouverture qui eft au-
deffus du miroir, & immédiatement
fous la lentille, enfermée dans une
efpéce de cul - de - lampe, faifant
la pointe du Microfcope. Ce tourteau ou porte - objet doit être noir
d'un côté, & blanc de l'autre, afin de
rendre plus fenfibles les objets blans
qu'on met fur le noir, & les noirs qu'on
met fur le blanc.

Pour obferver par le moyen du miroir la furface extérieure des folides, il
faut qu'il y ait un miroir parabolique
d'argent, bien poli, attaché fous le porte-lentille même, & percé au centre, pour la communication de la lumiere au Cylindre du Microfcope, &
que le porte - objet foit extrémement

I iij

étroit & attaché avec un fil de laiton le plus fin qu'il fera poſſible, afin d'intercepter le moins que l'on pourra des réflexions qui partent du miroir enfermé dans la boëte quarrée, au-deſſus duquel eſt une ouverture pour recevoir cette eſpéce de dame ou tambour dont on vient de parler.

Si les corps que l'on veut voir font tranſparens, il faudra les expoſer ſur une des petites glaces que l'on trouvera dans le tiroir de la boëte du Microſcope : on fait entrer cette glace dans la couliſſe de cuivre en forme de palette percée quarrément, qui tourne à volonté, & qui eſt à vis du côté du Microſcope. Pour ces fortes d'objets, il faut faire uſage du miroir de réflexion, afin d'éclairer l'objet par-deſſous ; il ſera aiſé de donner à ce miroir l'inclination convenable, pour faire paſſer le jour à travers l'ouverture qui eſt au-deſſus, en tournant les boutons qui font aux deux côtés de la boëte ; mais il faut avoir ſoin de bien éclairer la ſurface du miroir,

& en baissant la loupe qui est attachée à une vis sur le bord de la boëte au-dessous de la lentille du Microscope, les rayons qui passeront à travers cette loupe donneront à la pointe de son foyer la vûe claire & distincte des parties intérieures de l'objet; ces deux sortes de lumieres réunies ensemble , rendront sensibles les parties les plus déliées d'un corps diaphane. Si l'objet est extrémement petit, il faudra ôter la lentille du premier degré, & en mettre une seconde, qui grossisse davantage : puis une troisiéme, & même une quatriéme. Les différentes ouvertures des porte-lentilles indiquent la différence de leur foyer; les deux derniers sont d'un diametre beaucoup plus court ; leurs lentilles grossissent par conséquent beaucoup plus que les premiers. Le corps du Microscope doit être abaissé sur les objets jusqu'à ce qu'ils en augmentent la grandeur le plus qu'il est possible, en les offrant néanmoins d'une maniere claire & distincte. Voilà les qualilités essentielles d'un bon Microscope.

Il sert à observer les mouvemens des petits animaux qui sont dans le vinaigre, dans l'eau d'huîtres, dans l'eau corrompue, dans les infusions d'herbes, de fleurs, de poudre de bois pourri, de poivre noir, &c. Ces animaux se manifestent en grande quantité, après vingt-quatre heures de fermentation. L'hyver on en voit moins que l'été; & plus il fait chaud, plus on en découvre. On met une goutte de ces liqueurs sur une des glaces que l'on trouvera dans le tiroir du Microscope : si la premiere pêche n'est pas heureuse, il faut y retourner avec le bout d'une plume qui ne soit pas taillée; il est d'une grande conséquence de bien éclairer certains objets; il en est d'autres qui demandent peu de lumiere à l'égard des corps transparens. Voici deux manieres dont on peut faire usage de ce Microscope : faites dans le volet d'une fenêtre une ouverture du diametre de celle de la boëte du Microscope, dans laquelle est enfermé

votre miroir de réflexion ; faites-en autant dans la même chambre à une autre fenêtre éclairée du Soleil : là
ces deux ouvertures vous donneront
deux fortes de réflexions, qui vous feront tirer d'un bon Microſcope tout l'a-
vantage & tout l'agrément qu'on peut
en attendre. La chambre deſtinée à ces
expériences doit être exactement fermée, & il ne doit venir de jour que celui qui peut paſſer alternativement par
celle des deux ouvertures dont on a parlé, & dont les rayons font réfléchis par
le miroir. La circulation du ſang dans
les animaux eſt beaucoup plus ſenſible
par cette méthode ; mais la loupe alors
qui eſt ſur le devant de la boëte devient
inutile. La troiſiéme lentille, c'eſt-à-
dire, celle dont l'ouverture n'eſt pas ſi
petite que celle de la derniere, eſt deſtinée pour les liqueurs.

La quatriéme lentille ſert particulierement à obſerver la circulation du ſang
dans les animaux, ce qui s'exécute
de deux façons ; la premiere en fixant

l'animal par quelques parties du corps dans le bec de la pince, qui eſt placée de côté ſur la planche qui reçoit le Microſcope, & qui s'ouvre en ſerrant entre deux doigts les deux boutons de cuivre; elle tourne à volonté étant placée ſur un génouil : alors faiſant paſſer l'animal entre la lentille & l'ouverture qui eſt au deſſus du miroir, ſi le corps de l'animal eſt bien tranſparent, l'on en verra aiſément la circulation du ſang, faiſant toujours uſage du miroir de réflexion, & de la loupe, excepté dans la chambre obſcure dont nous venons de parler; l'une & l'autre éclairant les parties internes de l'animal, en rendront les mouvemens plus ſenſibles.

La ſeconde façon eſt de fixer l'animal, s'il eſt bien petit, entre deux glaces, dont l'une ne ſera pas arrêtée ; par ce moyen il aura un peu de liberté pour ſe mouvoir, ce qui facilitera l'obſervation du jeu de ſes organes; s'il eſt trop gros pour être ainſi retenu, il n'y a qu'à le lier ſur le porte-glace, & y fixer la

partie la plus tranfparente de fon corps,
qu'il faut alors expofer fur l'ouverture
qui reçoit la lumiere du miroir, &
celle de la loupe. La pouffiere de l'aîle
d'un papillon, & autres objets pareils,
peuvent fe mettre fur une glace plane
des deux côtés, qu'on fait entrer dans
le porte - glace, & qu'on éclaire,
comme il a été dit ci-deffus. On verra par le moyen de ce Microfcope,
que la pouffiere de l'aîle d'un papillon reffemble aux plumes des oifeaux,
&c.

Nous avons donné les différens foyers
de ces quatre fortes de lentilles dans les
proportions pour la compofition des
Microfcopes à trois verres: il fuffit de dire
que les deux dernieres étans deftinées
à obferver les objets les plus déliés;
plus l'objet eft petit, plus l'ouverture
du porte-lentille doit être petite; parce
qu'une grande quantité de rayons de
lumiere feroit capable d'effacer l'impreffion des foibles rayons qui partent de
l'objet que l'on veut voir. Voilà pour-

quoi ces fortes d'objets fe voyent
beaucoup mieux à la lumiere d'une
bougie que l'on met devant le miroir, dans une chambre dont on a fer-
mé tous les volets, qu'à l'aide du grand
jour.

Maniere de connoître combien le Microf-
cope groffit les objets.

Pour connoître combien le Microfcope groffit les objets, regardez à travers cet inftrument, l'objet fixé fous la
lentille; tenez d'une main un compas
ouvert de la largeur dont l'objet vous
paroît; répétez plufieurs fois l'obfervation, pour vous bien affûrer de la conformité de la grandeur apparente de
l'objet, à l'ouverture de votre compas :
faites fur un papier blanc deux points
diftans l'un de l'autre, comme les pointes
de votre compas : enfuite prenez le diametre de l'objet hors du Microfcope,
& tel qu'il peut paroître aux yeux,
la comparaifon de ces deux mefures
vous donnera ce que vous cherchez :

de même si vous examinez la route des rayons de la lumiere à travers la lentille du Microscope, planche IV. & figure 3ᵉ, avec un compas, vous pouvez mesurer combien l'objet A. grossit entre les deux oculaires B. C. car quoiqu'il se représente sur le fond de la rétine D. E. presque aussi petit qu'il l'est en lui-même, cependant comme la sensation de la vûe se fait à l'extrémité des rayons droits, l'objet en D. E. nous paroît aussi grand que B. C.

Effets surprenans du Microscope.

Le Microscope à trois verres, accompagné de quatre ou six lentilles de différens foyers, nommé Microscope universel à réflexion & à réfraction, est celui de tous les Microscopes le plus agréable & le plus instructif; il nous découvre des qualités dans la nature, dont nous n'aurions absolument aucune idée sans son secours; il nous apprend que l'opacité des corps vient uniquement de l'obftacle que leurs parties folides oppofent à la lumiere dont ils interceptent les rayons en obftruant les pores, en les interompant, ou en les rendant obliques & tortueux. Si l'opacité étoit ôtée de tous les corps, nous ne pourrions voir que les corps lumineux, parce qu'alors rien ne pourroit réfléchir les rayons qui pafferoient outre fans réfiftance. Le Microfcope groffit tous les objets qui échappent à notre vûe, de forte qu'une petite pincée de fablon femble être un amas de morceaux différemment taillés, & auffi tranfparens que du criftal de roche. La poudre blanche de l'aîle d'un papillon expofée au Microfcope, nous montre une infinité de découpures & & de figures diverfement arrangées, que nous n'y aurions jamais foupçonnées. J'en ai vû qui reffembloient à des tulipes. Un brin de poil, de plume, paroît être une autre plume lui-même; c'eft-à-dire, compofé d'un tuyau dans le milieu, & d'autres petits poils de chaque côté. Si on examine quelques échantillons d'étoffe de foie, on fera tout étonné d'en voir quelques poils d'une autre couleur que celle qui paroît à nos yeux. Si on veut on pourra compter tous les brins de foie qui compofent la trame & la chaîne de ces étoffes. Si on en éfile un brin, on comptera même jufqu'aux fils qui les compofent. Une petite moififfure paroît un jardin rempli d'herbes & de plantes. Une goutte d'eau où il y a eu quelques plantes infufées, reffemble à une mer qui contient une infinité d'animaux vivans. Le Microfcope nous prouve que l'air & l'eau font des corps diaphanes, quoiqu'ils ne foient pas dûrs comme le criftal, la glace, le verre, le talc, &c. que le différent arrangement des parties du même corps peut lui faire perdre fa tranfparence, comme il arrive quand on dégroffit un verre, pour, de plan qu'il étoit, lui faire prendre une forme fphérique : mais le douci & le poli lui reftituent la diaphanéité, & débouchent les pores. Tous les objets que l'on confidére avec le Microfcope, offrent aux yeux des fpectacles admirables qui furprennent d'autant plus qu'on s'y atend moins.

Conftruction
d'un Telefcope de
réflexion, impri-
mé à Paris chez
Lottin rue faint
Jacques à la Véri-
té, près la rue de
la Parcheminerie.

L'Auteur du Livre intitulé, Conftruction du Telefcope de réflexion, a fait plufieurs obfervations curieufes fur cette matiere, il dit, page 129 : ,, Que les pe-
,, tites parties d'acier qui tombent fur la
,, mêche, lorfqu'on fait du feu avec le fu-
,, fil, paroiffent comme de petites bal-
,, les de plomb rondes par dehors, &
,, creufes en dedans, ce qui prouve,
,, dit-il, combien eft grande l'activité
,, de ces étincelles qui fondent en un
,, inftant ces parties d'acier, & les ren-
,, dent affez liquides pour prendre en
,, tombant une figure fphérique du côté
,, qui divife l'air, & creufe de l'autre cô-
,, té, qui eft au-deffus où la matiere a
,, manqué. La pouffiere qui fe trouve
,, dans le bois verd-moulu, fe voit rem-
,, plie d'une infinité de petits ani-
,, maux vivans, auffi bien que le fro-
mage,

„ mage, lorfqu'en fe féchant il tombe
„ en poudre : prefque toutes les plan-
„ tes defféchées donnent naiffance à di-
„ verfes efpeces de petits infectes qui
„ fortent des œufs qui y étoient répan-
„ dus. La fauge, par exemple, n'étant
„ pas lavée, eft fouvent très-pernicieu-
„ fe. On a remarqué que cette maligni-
„ té provenoit d'une multitude de petits
„ animaux qui font fur les feuilles de
„ cette plante, qui y dépofent leurs
„ œufs, & fe couvrent d'une toile fem-
„ blable à celle des araignées, mais infen-
„ fible à la vûe. Un ciron qui ne paroît que
„ comme un point, fe voit tout couvert
„ de poil, & prefque femblable à un
„ ours. Une puce a les pattes velues,
„ & comme armées de pointes très-ai-
„ guës, & reffemble à peu près à une
„ écreviffe. Si l'on examine la queue
„ de certains petits poiffons qui font un
„ peu tranfparens, on voit la circulation
„ de leur fang qui va & qui revient, des
„ arteres dans leurs veines. Si on prend
„ une goutte d'eau où ayent trempé un

K

,, jour ou deux du foin, ou d'autres her-
,, bes féches, on y apperçoit un nom-
,, bre furprenant de petites anguilles,
,, qui y nagent auffi bien que dans le vi-
,, naigre. Dans une goutte d'eau d'Huî-
,, tre à l'écaille, nous en découvrons
,, plufieurs autres de même efpéce. Si
,, l'on met dans de l'eau du poivre noir
,, infufer une nuit, le lendemain on y
,, remarque de petits animaux dont on
,, diftingue les pieds, la queue, la tête
,, & les yeux, d'où l'on peut juger de
,, quelle délicateffe font les os, les
,, nerfs, les veines, les arteres qui les
,, compofent; quelle eft la fubtilité des
,, pellicules & des liqueurs de leurs
,, yeux; quelle doit être l'organifation
,, de leurs mufcles, de leur cerveau, de
,, leur cœur, & de quelle fluidité il
,, faut que foit leur fang, & fur-tout ces
,, efprits animaux qui donnent le mou-
,, vement à ces petits infeftes. '' Ce que
les meilleures vûes ne peuvent appercevoir fans le fecours du Microfcope,
dont Dieu a permis que l'on découvrît

le méchanifme, pour nous donner une haute idée de fa grandeur & de fa puiffance infinies. Nos peres ont été privés de cet avantage, & par conféquent d'une infinité de co\noiffances utiles & curieufes que nous procure ce Microfcope : peut-être que les fiecles à venir trouveront quelque invention plus parfaite encore, & plus avantageufe.

Je ne m'arrêterai point à détailler ici les différentes infufions que chacun peut faire, pour ne point ôter à mes lecteurs le plaifir qu'ils fe procureront par leurs propres découvertes. D'ailleurs nous ne voyons pas tous les mêmes objets également ; les uns ont la vûe longue, les autres l'ont courte; les premieres voyent les objets de relief, & les autres d'une maniere plus imparfaite. Le réfultat de plufieurs obfervations que j'ai faites moi-même, pourroit ne pas paroître uniforme à d'autres yeux : chacun fe fatisfera avec cet inftrument, felon la difpofition de fa vûe. L'avis que je donne ici, ne fera pas inutile à ceux qui

K ij

voudront y faire attention ; il leur apprendra à ne pas fe forcer la vûe pour découvrir un objet de la même façon dont un autre l'a vû ; il détruira encore la fauſſe idée de quelques-uns, qui attribuent ſans fondement, au vice du Microſcope, la diverſité des apparences qu'ils voyent dans les objets, lorſqu'ils les comparent aux obſervations des autres.

CHAPITRE SEPTIEME.

Des Priſmes ou Triangles.

LE *Priſme* eſt un ſolide de criſtal ou de glace, qui a trois ſurfaces parallelogrammes planes & polies, terminées de chaque côté par une baſe triangulaire. Les objets que l'on regarde au travers du Priſme, paroiſſent ornés de couleur rouge, jaune, verte, bleue, & violette. Le Priſme ne doit avoir de lui-même aucune couleur dominante.

dans fa matiere ; plus cette matiere fera blanche & exempte de fils de verre , plus la réfraction des rayons de lumiere y fera fenfible : mais cette réfraction elle-même , caufée par l'obliquité des furfaces du Prifme , fournit les nuances dont il colore les objets. Voyez planche III. figure 4ᵉ.

Maniere de façonner les Prifmes.

Il y a deux fortes de Prifmes ; les uns font faits de morceaux de glace brute & taillés en forme de Prifme ; les autres font compofés de trois bandes de glace d'égale longueur & largeur, dont les bords font travaillés en bizeaux plans fur un rondeau parfaitement droit , afin que ces glaces appliquées obliquement les unes contre les autres, tiennent enfemble , comme tiendroient deux glaces planes exactement travaillées. Les trois bandes de glace ainfi réunies, font fixées d'un côté dans un bout de cuivre, dont les bords fe replient fur l'extrémité des glaces : cela étant fait,

on remplit entierement d'eau le Prifme
par l'autre bout oppofé, que l'on couvre
de même d'une plaque de cuivre, dont
les bords également repliés, fe garnif-
fent de ciment ou maftic, pour empêcher l'eau de s'échapper du Prifme. En
voilà affez touchant cette feconde efpece. Ceux de la premiere font plus dif-
ficiles à façonner, c'eft pourquoi j'ajoû-
terai l'inftruction fuivante. Le morceau
de glace deftiné à faire un Prifme, fe
taille d'abord quarrément ; enfuite il
doit être encimenté, felon fa longueur,
dans un morceau de bois, taillé de façon qu'il embraffe l'un des angles folides & deux furfaces du morceau de verre : après quoi on ufe, à force de grais,
l'angle oppofé fur un rondeau de fer qui
foit d'un plan exact; par-là le morceau
de glace qui étoit d'abord un paralleli-
pipede, devient prifmatique. Ce travail
demande quelque attention. Si on veut
avoir un Prifme dont les furfaces parallelogrammes foient égales entre elles;
après que le Prifme a paffé fur le ron-

deau de fer, il faut le doucir avec le rondeau de cuivre fur lequel il faudra encore le polir au papier, comme nous avons dit en parlant de la conftruction des verres plans. Le morceau de glace brute qu'on a coupé quarrément n'ayant qu'une furface polie après cette premiere opération, on eft obligé de façonner la feconde furface avec le même foin. La troifiéme, toute polie qu'elle paroiffe d'abord par la coupe du verre, doit être auffi perfectionnée de même, fans quoi elle ne feroit pas régulierement plane, & ne prendroit pas également par-tout fur le rondeau, même en la dégroffiffant ; car elle conferveroit par endroits certains reftes de fon poli, qu'il eft abfolument néceffaire d'atteindre pour faire un plan régulier. Ces trois furfaces ayant été atteintes, douciés & polies, on fait armer & garnir les deux extrémités de ces Prifmes avec des plaques de cuivre ou d'argent, terminées par un bouton qui fert à les manier plus commodément, & à empêcher que la vapeur occafionnée par la chaleur des mains, ne couvre la furface du verre, ce qui nuiroit beaucoup à la réfraction des rayons de la lumiere. Voyez la figure IV. planche 3ᵉ.

On fait des Prifmes dans les Verreries ; mais ils font bien inférieurs à ceux dont nous donnons la conftruction. Entre plufieurs défauts de ces premiers, on peut compter l'irrégularité du plan de leurs furfaces, jointes à un grand nombre de fils ou fillonemens, dont leur matiere eft ordinairement remplie. Il n'en faut pas davantage pour altérer la réfraction & l'inflexion des rayons de la lumiere; d'où il fuit que ces Prifmes repandent très-peu de couleurs fur les objets, & nous privent de la vûe des beautés qu'on a droit d'en attendre.

Effets du Prifme.

Monfieur Newton, dans fon traité d'Optique, prétend que la lumiere eft compofée de plufieurs rayons hétérogenes, qui ont tous différentes propriétés;

c'eſt-à-dire, qu'il y en a qui excitent dans les yeux la ſenſation du rouge, d'autres la ſenſation du jaune, ou des autres couleurs ; que parmi ces rayons, les uns ſe briſent davantage, & les autres moins, quand ils paſſent obliquement par des milieux diaphanes de différentes eſpeces, d'où il ſuit que ces rayons ſe réfléchiſſent différemment.

La lumiere nous fait appercevoir les corps qui nous environnent, ſans nous faire connoître ce qu'elle eſt en elle-même : c'eſt pourquoi, malgré tout ce que nous en ont appris les Philoſophes, on peut encore dire d'elle ce qu'en diſoit S. Auguſtin : *Si quæris à me quid ſit lumen, neſcio ; ſi non quæris, ſcio.* Si vous me demandez ce que c'eſt que la lumiere, je vous répondrai que je n'en ſçai rien : ſi vous ne me le demandez point, je le ſçai. Ainſi ſans entrer dans des diſcuſſions ſur la nature de la lumiere, qui ne ſont pas de mon reſſort, je me contente ici d'en juger par les impreſſions qu'elle fait ſur les organes propres à la

recevoir. Or ces impreſſions ou ſenſa-
tions, qui font que les corps paroiſſent
jaunes, bleues & violets, s'appelleront
rayons jaunes, bleus & violets, pour
entrer dans le ſentiment d'Ariſtote, qui
dit qu'il faut parler comme le vulgaire,
& penſer comme le petit nombre : *Lo-
quendum ut multi, ſentiendum ut pauci.*

Mais pour venir aux expériences que
l'on peut faire par le moyen du Priſme,
je dirai que les plus curieuſes ſont celles que M. Newton a imaginées. Il faut
pour cela ſe mettre dans une chambre
exactement fermée, & que l'on rend
inacceſſible à la lumiere, ſi ce n'eſt par
une petite ouverture qui donne paſſage
aux rayons du Soleil : vis-à-vis cette
ouverture il faut tendre un drap, ou un
papier blanc, ſur la ſurface duquel puiſſent être reçûs les rayons. Lorſque ces
rayons auront paſſés au travers du Priſme, ils feront paroître deux images ſur
le papier, & dans chacune d'elles cinq
couleurs principales ſemblables à celles
de l'*Arc-en-Ciel.* Si on veut oppoſer au

Prifme ainfi difpofé, un grand verre à facette, & un objectif de trois, quatre ou cinq pieds de foyer, il paroîtra fur le papier autant de places colorées qu'il y aura de faces à ce verre ; ces images feront même plus brillantes qu'aucune pierre précieufe : mais à l'endroit où ces images fe toucheront, on verra comme une étoile d'un éclat admirable. C'est par les effets du Prifme que M. Newton prouve la diftinction des rayons du Soleil, de même que leur inflexion, & leur différente réfrangibilité. Ceux qui voudront s'inftruire amplement fur cette matiere, peuvent confulter les Ouvrages de ce célébre Philofophe, ou les Entretiens Phyfiques du Pere Regnault tome III. ou les Leçons Phyfiques de M. l'Abbé Nolet, &c.

CHAPITRE HUITIEME.

De la Perspective illusoire d'Optique & du Cylindre.

De la Perspective illusoire d'Optique.

LA Perspective illusoire d'Optique est ainsi nommée, parce qu'elle trompe notre vûe, en nous faisant voir des objets tout-à-fait différens de ce qu'ils sont en eux-mêmes, par le moyen d'un verre taillé à facettes angulaires. On met un ou plusieurs tableaux, qui représentent diverses choses dans une boëte quarrée, au bout de laquelle se trouve élevé un verre angulaire taillé en pyramide, ou terminé en pointe, & renfermé dans un tuyau d'environ trois pouces de longueur, dont les faces planes regardent le tableau, & les angles sont tournées du côté de l'œil. A l'autre extrémité du tuyau, est une petite ouverture perpen-

diculaire à la pointe de ces angles, &
parallele au tableau que l'on veut voir:
alors tournant le dos au jour, pour recevoir les rayons réfléchis qui partent
du tableau, & viennent fur la furface du
verre: ceux qui rencontrent perpendiculairement cette furface, ne fe brifent
point, tous les autres qui la rencontrent
obliquement fe brifent. Ces rayons vont
directement à l'œil, qui les apperçoit
comme s'ils venoient en ligne droite
des points de l'objet, parce que l'ame
eft accoûtumée à rapporter les objets à
l'extrémité des rayons directs qui frappent l'organe de la vûe, quoique fouvent cette impreffion foit caufée par des
rayons brifés ou réfléchis.

Le Peintre qui exécute les tableaux
de cette Perfpective illufoire, doit en
cacher l'artifice. Si l'on veut, par exemple, repréfenter une figure humaine, il
faut en deffiner les différentes parties en
différens endroits du tableau, éloignées
les unes des autres. Pour cela le Peintre
eft obligé d'avoir toujours ce verre à fa,

cettes à la main pour diriger son pinceau;
car ces parties, quoique réellement sépa-
rées, doivent paroître composer un tout
régulier. La perfection de ces tableaux
consiste à les disposer de maniere, qu'ils
puissent causer beaucoup de surprise, par
la différence des objets vûs simplement,
d'avec les mêmes objets vûs à travers
le verre. Le tableau, par exemple, re-
présentera un bois, ou une maison de
campagne, qui disparoîtront sur la pyramide, pour ne laisser voir que la figure d'une bouteille de vin, ou d'un
animal placé directement au milieu du
tableau, ensorte que l'on n'apperçoive
aucun rapport de l'un à l'autre. Un autre
tableau pourra représenter un excellent
déjeuné, composé de jambons, de bou-
teilles de vin, des caraffes pleines d'eau,
du pain, des couteaux, fourchettes, &c.
A travers le verre on ne verra qu'un papillon qui s'envole. On trouve difficilement des Peintres capables d'inven-
ter ces sortes de tableaux, parce qu'il y
faut observer des proportions très-exac-

tes, qui puiſſent également convenir à des ſujets diſparates.

Il eſt une ſeconde ſorte de verres à facettes, que l'on appelle multiplicateurs, ou multiplians; ils ont pluſieurs faces, au travers deſquelles on apperçoit un objet en autant de lieux différens qu'il y a de facettes ſur le verre. Ces images ſéparées & diſtinctes cauſent la même ſenſation que cauſeroient pluſieurs objets ſemblables. On a connu par le moyen du Microſcope, que les yeux des mouches ont un grand nombre de facettes.

L'Auteur du Spectacle de la Nature prétend que cette ſtructure admirable eſt très-néceſſaire à ces animaux, pour mieux appercevoir les objets qui les environnent, afin d'éviter ceux qui leur ſont nuiſibles,& qu'elle ſupplée au défaut de mouvement qu'ils ne ſçauroient donner à leurs yeux, ni même à leur tête.

Il y a une ſeconde eſpéce de Perſpective optique, que l'on nomme Perſpective amuſante; c'eſt celle qui par le moyen d'un miroir placé obliquement au haut d'une boëte, rappelle les objets de bas en haut, & de perpendiculaire qu'ils font les uns aux autres, les fait paroître paralleles, & plus éloignés qu'ils ne font réellement. Le jeu de ce miroir exige les précautions ou préparations fuivantes. Il faut que les figures dont on veut faire ufage foient difpofées en forme de pyramides renverfées, ou tracées, felon les proportions de la Perfpeétive; enforte que la plus éloignée, qui fera placée au fond de la boëte, foit la plus petite, & les autres plus grandes, à proportion qu'elles feront plus voifines du miroir. Cet artifice eft une imitation de la nature, qui nous peint les objets dans l'œil. Une avenue d'arbres, par exemple, fous la forme d'un angle, dont la pointe femble rapprocher les plus éloignés, tandis que les plus voifins femblent s'écarter à mefure que les côtés de l'angle vifuel s'élargiffent. C'eft pour cela que les figures dont nous parlons doivent être difpofées à la renverfe,

verſe , car le miroir les redreſſe, & ſi
elles étoient droites , elles paroîtroient
renverſées dans le miroir. Nous avons
déja fait voir ailleurs que les rayons de
lumiere , en ſe croiſant , produiſent ce
renverſement , qu'il eſt néceſſaire de
prévenir ici , afin de voir les objets dans
leur ſituation naturelle ſur le miroir optique. Ce miroir n'eſt autre choſe qu'une
ſimple glace plane des deux côtés , &
miſe au tain , enduite de vif-argent d'un
côté. Il faut de plus ſe pourvoir d'un
objectif qui ſoit dirigé préciſément vers
le milieu de la glace, vis-à-vis d'une ouverture faite exprès à la boëte. Le foyer
de ce verre doit être de la longueur de
la boëte. Si la boëte porte deux pieds
de haut , l'objectif doit avoir vingt-quatre pouces de foyer, & ainſi des autres à
proportion.

Cette ſorte de Perſpective repréſente
les objets éloignés de deux ou trois pieds,
comme s'ils étoient à pluſieurs toiſes ,
& cela à la diſtance de cinq à ſix pouces, qui peut ſe trouver entre l'objectif

L

& le miroir. Ce miroir, que l'on place au haut de la boëte, doit être incliné de quarante-cinq degrés à l'horizon. L'ouverture de la boëte doit s'étendre jufqu'à la figure qui eft la plus proche de la partie inférieure du miroir, lequel doit être arrêté exactement dans la boëte, pour former une Perfpective bien éclairée & bien parfaite. Il faut donc obferver quatre chofes. 1°. La difpofition des figures & leur arrangement en forme pyramidale. 2°. L'inclination de la glace principale, qui doit être étamée, doucie, bien polie, & la plus parfaitement plane qu'il fera poffible, autrement les objets paroîtront un peu tortus. 3°. Il faut encore tapiffer les côtés de la boëte de deux autres glaces pofées parallelement vis-à-vis l'une de l'autre, près de la glace principale qui eft dans le fonds. 4°. Avoir un objectif le plus parfait qu'il fera poffible.

Du Cylindre.

Il y a quatre fortes de *Cylindres* de

métal. Le premier eft convexe d'un côté, concave de l'autre, & reffemble à la moitié d'un tuyau ou canal coupé verticalement. Voyez planche feconde, figure 6e. Le fecond eft convexe auffi, mais coupé en angles & furfaces planes ; on l'appelle Cylindre à pans. Voyez planche feconde, figure 7e. Le troifiéme, nommé pyramide, eft auffi à pans coupés ; mais tous fes angles fe terminent à une feule pointe parfaitement aiguë. Voyez planche feconde, figure 8e. Le quatriéme s'appelle cône, & reffemble à un pain de fucre, dont le bout eft parfaitement en pointe, & la bafe circulaire. Voyez la figure 9e. planche feconde.

Effets du Cylindre.

L'effet des *Miroirs cylindriques & coniques*, eft de raffembler les rayons écartés, & d'écarter ceux qui font réunis. Par leurs figures mêlées de la ligne droite & de la circulaire, ils participent des miroirs plans, & des miroirs

L ij

convexes ; s'ils font faits d'un métal bien
pur , bien régulier , & bien poli , ils deviennent auſſi intéreſſans que ceux de la
Perſpective illuſoire; car ils font paroître
régulieres des images peintes d'une maniere difforme, & où l'on ne connoît rien
en les regardant à la ſimple vûe. Ces figures étant deſſinées ou peintes ſur un
carton , ſi on expoſe au milieu une pyramide dont les faces ſoient polies , en
plaçant l'œil au-deſſus de la pointe de
cette pyramide , on apperçoit l'image
qui eſt peinte ſur le carton , repréſentée
exactement dans ſes proportions ſur les
faces de cette pyramide. Les ſurfaces
convexes du Cylindre de la premiere
eſpece , nous repréſentent les images
plus petites que ſi elles étoient repré-
ſentées par des miroirs plans ; c'eſt pourquoi cette image eſt deſſinée fort au
large. Voyez figure 10 planche ſeconde , & parce que leurs courbures rétre-
ciſſent extraordinairement l'image réguliere des objets, l'objet eſt repréſenté
très-difforme à la vûe ſur le carton qui

eſt poſé ſous ce Cylindre : c'eſt à quoi doivent avoir égard ceux qui peignent ces ſortes de figures.

CHAPITRE NEUVIEME.

Maniere de repréſenter les objets ren-
verſés & redreſſés dans un Cham-
bre obſcure, par le moyen des ver-
res convexes de la boëte d'Op-
tique , autrement dite Chambre
noire.

L'Œil eſt ſemblable à une chambre fermée, où il n'y a qu'une petite ouverture , par laquelle paſſent les rayons de lumiere. Les humeurs con-tenues dans cette organe , ſervent de verres convexes, qui réuniſſent les rayons, & peignent les objets renver-ſés ſur la rétine, comme ſur une toile ou papier. Ces objets néanmoins ne nous paroiſſent pas renverſés , parce

que, comme nous l'avons déja dit ailleurs, nous rapportons chaque impreſſion à l'extrémité des lignes droites for-
mées par les rayons de lumiere. On
leur donne le nom de Pinceaux optiques, parce qu'on ſe les repréſente
comme deux cônes oppoſés par la
pointe, & formés par un nombre indé-
fini de rayons, que chaque point de
l'objet envoie, & qui couvre toute la
prunelle de l'œil. C'eſt là que les rayons
venant à ſe rompre ſe rapprochent les uns
des autres, & après s'être croiſés, vont
ſe réunir ſur un ſeul point de la rétine.

C'eſt donc la méchanique de l'œil qui
a donné l'idée de la Chambre obſcure;
elle doit être tellement cloſe, qu'elle
ne reçoive de jour que par une ouverture pratiquée à un volet à la hauteur des objets que l'on veut voir. Il
faut enſuite y ajuſter deux tuyaux qui
puiſſent entrer l'un dans l'autre; à l'extrémité du ſecond tuyau, on met un
verre objeſtif de ſix, huit, dix ou douze

pieds de foyer, & l'on tend un drap blanc de toile au foyer de ce verre. Les objets qui feront vis-à-vis feront repréfentés exactement avec leurs couleurs fur le drap dans une fituation renverfée. Si quelqu'un vient à paffer, il paroîtra fur le drap marcher les pieds en haut, & la tête en bas.

Le verre objectif dont le foyer fe trouve fur le drap, réunit & raffemble exactement les rayons de lumiere qu'il reçoit de chaque point des objets extérieurs. Ces rayons de lumiere qui partent de chaque point éclairés de l'objet, paffent à travers ce verre, & s'étant croifés, fe raffemblent fur le drap dans un ordre renverfé & fans confufion, parce que ces rayons de lumiere qui partent du bas de l'objet vont rencontrer le bas du drap. Voyez la figure 5e. planche 3. Les rayons ainfi croifés au foyer de l'objectif, doivent faire paroître ces images renverfées ; mais comme toutes les parties de ces objets extérieurs ne réfléchiffent pas la lumiere avec une égale force, il y a des parties de l'image plus ou moins vivement éclairées, d'où se forme un mélange d'ombres & de lumiere qui donne du relief à la repréſentation. On y remarque auſſi quelques-unes des couleurs dont les objets extérieurs ſont teints, & ſur-tout l'azure du ciel, ce qui vient de la différente configuration des ſurfaces réfléchiſſantes qui les rend plus ou moins propres à renvoyer certains rayons colorés que d'autres.

Si l'on veut voir les objets dans leur état naturel, il faudra mettre deux verres objectif au lieu d'un dans ces tuyaux; le premier, à l'extrémité du premier tuyau, portera ſix pouces de foyer; le ſecond, à l'extrémité du ſecond tuyau, portera neuf à dix pouces de foyer, & on les placera à dix-ſept pouces de diſtance l'un de l'autre, l'image des objets extérieurs qui étoient auparavant renverſée ſur la toile ſera redreſſée & diſtincte, mais plus petite. On peut encore appliquer deux objectifs placés de maniere que leurs foyers foient proches l'un de l'autre ; alors les rayons de lumiere s'étant brifés en paffant au travers du premier verre, & s'étant raffemblés au foyer fe croifent enfuite, & rencontrant un fecond verre convexe, fe brifent encore une fois, & repréfentent les objets dans un ordre, & avec des couleurs tout-à-fait femblables à celles qu'ils ont réellement. Dans cette expérience les objets paroiffent à la diftance du foyer du verre objectif, c'eft-à-dire, à douze pieds ou environ, fi le foyer du verre eft de cette longueur.

On peut auffi voir les objets renverfés hors de la Chambre obfcure, par le moyen de deux oculaires mis en oppofition dans un tuyau. Ces deux verres doivent être de même foyer ; par exemple, de deux pouces fix lignes chacun ; façonnés dans un baffin de cinq pouces des deux côtés, & placés à cinq pouces de diftance l'un de l'autre ; ils montrent les objets renverfés très-diftinctement, mais plus petits qu'ils ne font en eux-mêmes. Si on les veut voir à peu près dans leur grandeur, on peut faire une efpece de Lunette d'approche compofée d'un objectif & d'un oculaire. Si on la veut d'un pied, par exemple, on y mettra un objectif de quatorze à quinze pouces, avec un oculaire de douze lignes.

On peut faire *une Chambre obfcure*, même fans faire ufage des verres. Les objets fe peindront auffi dans une fituation renverfée, mais plus confufément, parceque la trop grande largeur de l'ouverture que l'on a faite à la fenêtre, écarte une partie des rayons de lumiere qui partent de l'objet, au lieu que le verre objectif les réunit tous, & les peint avec des couleurs prefque auffi vives que celles de l'objet même.

De la Boëte d'Optique, autrement dite, Chambre noire.

La Chambre noire appellée *Boëte d'Optique*, eft une machine par le moyen de laquelle on peut paffer pour habiles dans l'art de deffiner fans l'avoir jamais appris; elle tranfporte fur un papier les images des objets extérieurs révêtus de leurs couleurs, & tracés fuivant les régles de la Perfpective la plus exacte dans une fituation droite & non renverfée. Il ne s'agit alors que de fixer cette image fugitive avec le crayon ou l'encre de la chine, en fuivant trait pour trait l'efpece d'eftampe que la lumiere a imprimée fur le papier.

Il y a deux fortes de chambres noires. Voici la defcription de la premiere. C'eft une boëte ou caiffe oblongue dont la furface intérieure eft peinte en noir, pour exclure toutes les réflexions étrangeres. Au fond eft une glace étamée, parfaitement plane, pofée obliquement, au deffus de laquelle eft une autre glace polie de part & d'autre, pofée horizontalement, & foutenue des deux côtés par des rénures où elle eft enchaffée. On met fur cette derniere glace un papier huilé ou autre qui foit tranfparent, dont on colle les extrémités pour le tenir tendu & droit, afin que les objets s'y

peignent régulierement & diftinctement. Il eft aifé de deffiner fur ce papier la repréfentation de l'objet, puifqu'on n'a qu'à fuivre avec le crayon le
contour marqué par les ombres. Si vous
ne voulez que voir un objet fans le deffiner, il fuffit de prendre une glace qui
ne foit polie que d'un côté, & feulement doucie de l'autre, mettant le poli
du côté du fond de la boëte, & le douci
de votre côté extérieurement à la boëte,
vous verrez alors l'objet tout tracé fur la
furface extérieure. Au milieu de cette
boëte, eft une planche de féparation,
dans le milieu de laquelle eft un tuyau;
à l'extrémité de ce tuyau eft un objectif dont le foyer eft égal à la longueur de
la boëte; par exemple, de douze pouces fi elle n'a qu'un pied, & ainfi des
autres. Si on veut fe fervir de deux verres, il faudra alors deux tuyaux qui entrent l'un dans l'autre, à l'extrémité defquels vous mettrez les verres, obfervant
de les placer refpectivement de la maniere convenable à la mefure de leur

foyer, selon que vous voudrez voir les objets plus ou moins grands, & pour cela vous n'aurez qu'à allonger ou accourcir les tuyaux. Ayez grand soin que les tubes ne laissent pas le moindre accès au jour, car il ne faut de lumiere que celle qui passe au travers des verres pour produire un bon effet. Au dessus de la glace sur laquelle vous appliquerez votre papier, mettez une espéce d'abat-jour, garni des deux côtés d'étoffe ou de cuir pour exclure toute lumiere étrangere : au deffaut d'abat-jour, on se couvre d'un manteau, afin de ne recevoir de lumiere que celle qui vient de la Lunette.

La seconde sorte de Chambre noire est une boëte quarrée, haute de deux pieds, noircie intérieurement, au dessus de laquelle est placé extérieurement à quarante-cinq degrés d'inclination, un miroir plan étamé d'un côté; ses deux supports doivent être construits de façon qu'on ait la liberté d'incliner le miroir un peu plus, ou un peu moins, selon l'exigence. Entre ces fupports, au milieu de la boëte, eft une ouverture dans laquelle entre un tuyau long de deux ou trois pouces; dans ce tuyau eft enfermé un objectif qui doit être de deux pieds de foyer, fi la boëte eft de cette mefure. A l'un des angles de la boëte, fur cette même planche, eft une feconde ouverture où l'on place un autre objectif du même foyer que le grand; ce dernier fert à voir fi les objets fe peignent bien dans le fond de la boëte, & à donner plus ou moins d'oblicité où d'inclination au miroir, lequel étant une fois bien placé, doit être arrêté à demeure, afin que l'image de l'objet ne change point de fituation. Cela fait, il faut couvrir ce petit objectif, afin qu'il n'envoie point de lumiere inutile dans le fond de la boëte : il faut mettre une feuille de papier blanc fur laquelle l'image de l'objet fe trouvera repréfentée : il faut outre cela que l'entrée de la boëte foit bien fermée de rideaux épais; on y place alors la tête & les mains, pour fuivre avec le

crayon les contours de l'image, fi l'on
veut en conferver le deffein. Ces rideaux en excluant toute lumiere inutile,
font caufe que l'objectif communique
tout feul la lumiere, l'objet en eft mieux
terminé, & par conféquent plus aifé à
deffiner avec une certaine exactitude.
On fait de ces fortes de Chambres noires affez grandes pour tenir une table,
une chaife, & s'y enfermer comme
dans un cabinet. C'eft par ce moyen-là
qu'on a tiré les plans des environs de
Paris qui fe voient au Louvre. Toutes
les maifons y font fi bien repréfentées,
qu'il eft aifé de les reconnoître chacune
en particulier.

Il eft néceffaire que le miroir que
l'on deftine à la compofition de ces
fortes de boëtes d'optique foit bien plan,
& que l'objectif foit fait dans un baffin
dont la courbure foit bien réguliere; car
les deffauts qui peuvent fe trouver dans la
repréfentation de l'objet, viennent toujours, ou de l'irrégularité du plan du
miroir, ou de celle du verre, dont la

courbure étant défectueufe , ne rend point les objets dans l'exacte vérité. Cet inftrument rapporte en petit ce que les objets font en grand; il eft par confé-quent très-commode pour deffiner des Perfpectives ; on peut dire de lui que c'eft le compas de proportion le plus commode qui ait jamais pû être inven-té , puifque par ce moyen le contour des figures , & la difpofition des ombres & des jours fe placent régulierement d'eux-mêmes fur le papier. Quand on a une fois tracé l'efquiffe dans la Chambre noi-re , il n'eft pas difficile d'en multiplier les copies. Pour cela il faut enduire une feuille de papier blanc de mine de plomb de la grandeur du deffin que vous avez tiré : attachez enfemble ces deux feuil-les de papier : joignez une troifiéme feuille de papier blanc oppofé au côté frotté de mine de plomb; enfuite prenez une aiguille de tablette à écrire ; fuivez les traces que vous aviez d'abord faites la premiere fois dans la Chambre noire, vous tranfporterez ainfi votre deffein fur

une

une autre feuille de papier. Cette derniere Chambre noire eft plus commode que la premiere, en ce que l'on peut tirer tout d'un coup fur un papier blanc le deffein d'une Perfpective, au lieu que dans la premiere il le faut faire à deux fois, en fe fervant d'abord d'un papier huilé ou tranfparent, comme celui que l'on appelle papier de ferpente, qu'il faut enfuite calquer pour le tranfporter fur un papier blanc: c'eft ainfi qu'à l'aide de la Chambre noire on peut deffiner fans maître, & fans l'avoir jamais appris. On en fait en forme de livre de la grandeur d'un *in-folio*, dont un côté de la couverture s'ouvre, pour enfermer dans l'intérieur tout ce qui la compofe, qui étant ajufté & retenu par différens crochets de côté & d'autres, forme alors une boëte d'une certaine grandeur, & d'une élevation affez commode pour pouvoir deffiner toutes ces pieces, & l'efpece de livre qui les contient pouvant être aifément tranfporté, c'eft alors une Chambre noire portative. Voyez la figure 4e, planche IV.

M

CHAPITRE DIXIEME.

De la Lanterne de Chaſſe & de Pêche, & de la Lanterne Magique.

De la Lanterne de Chaſſe & de Pêche.

AVant que de parler de la Lanterne Magique, il faut en annoncer une autre dont le nom ne paroît pas ſi myſtérieux, c'eſt la *Lanterne de Chaſſe & de Pêche.*

Cette Lanterne eſt faite comme une Lanterne ſourde quarrée, de fer-blanc ou de cuivre, dont le devant eſt garni d'un gros verre plan d'un côté, & convexe de l'autre, de maniere que la chandelle ou bougie eſt au foyer de ce verre. Les plus grands pour le diametre, & les plus convexes pour le foyer, réuniſſent plus de lumiere, & donnent par conſéquent plus de clarté. Une lampe pleîne d'huile eft meilleure qu'une chandelle, parce qu'en s'ufant la mêche de la lampe ne fort pas du centre du foyer, & refte toujours au même degré d'élevation vers le fond de la Lanterne. On met un miroir concave de métal poli dans une ouverture faite exprès, ou bien un miroir de glace étamé du côté de la convexité, d'environ fix, fept ou huit pouces de foyer proportionnellement au verre plan convexe qui doit être au devant de la Lanterne dans un tuyau de fer-blanc, qu'on puiffe éloigner ou rapprocher de la lumiere, pour le mettre en même-tems au foyer du miroir, & à celui du verre. Ces fortes de Lanterne fervent à chaffer la nuit aux Allouettes, qui s'imaginant voir le Soleil, viennent à la lumiere, & fe laiffent prendre. Elles peuvent fervir auffi à raffembler les poiffons, & les faire venir au bord d'un étang, auffi-bien que les écreviffes, que l'on prend par ce moyen avec beaucoup de facilité.

Ceux qui veulent faire ufage de ces

fortes de Laternes, pour lire pendant
la nuit de fort loin de gros caractères,
ou pour obferver des objets fort éloignés, verront ces objets à douze ou
quinze pieds de diftance. Si le verre
de la Lanterne porte fix ou huit pouces
de foyer, les rayons de lumiere réfléchis par les objets ainfi placés, rencontrant le verre convexe, au lieu de continuer à s'écarter, fe brifent & fe raffemblent en forme de cylindre, dans
lequel l'œil étant pofé, reçoit une emo-
tion capable de faire appercevoir plus
diftinctement ces objets. La même Lanterne peut fervir à deux perfonnes à la
fois, en mettant un fecond miroir & un
fecond verre avec la même lumiere à
un des côtés de la Lanterne.

De la Lanterne Magique.

Ce qu'on entend proprement par le
nom de Magie, n'entre pour rien dans
la conftruction de la Lanterne, appellée communément Lanterne Magique.
On y fait ufage, comme dans les ma-

chines dont nous avons ci-devant donné la defcription de la fcience de l'Optique; ainfi cette dénomination n'eft propre qu'à en impofer au vulgaire ignorant. La magie dont il s'agit ici eft une
magie blanche & naturelle, dont je ne
ferai pas fcrupule d'enfeigner les principes.

Régles & proportions qu'il faut obferver
pour conftruire la Lanterne Magique.

La Lanterne Magique eft compofée d'un miroir concave de métal, & de
deux verres convexes des deux côtés.
Le miroir peut avoir fix, fept ou huit
pouces de foyer. Le premier verre doit
avoir au plus fix pouces de foyer; le fecond huit pouces; & tous les deux trois
pouces de diametre : on les ajufte dans
deux tuyaux de fer-blanc féparés
qui entrent l'un dans l'autre, pour être
allongés ou accourcis felon l'exigence
du cercle de lumiere qu'ils reçoivent,
& qui fera plus ou moins grand, à proportion de leur diametre. La diftance

de la Lanterne au drap de toile blanche
tendu verticalement, fur lequel les figures doivent fe peindre, fera proportionnée au foyer du miroir; s'il a fix
pouces de foyer, il doit être éloigné
du drap de fix pieds; s'il en a moins, on
rapprochera la Lanterne; & s'il en a
plus, on l'éloignera. Je fuppofe le miroir & les verres parfaits pour la façon;
car moins ils le feront, plus il faudra
rapprocher la Lanterne du drap.

On fait ordinairement ces fortes de
Lanternes quarrées en fer-blanc; dans la
partie fupérieure, on place une efpece
de tuyau de cheminée, & des foupi-
raux avec des abat-jours, pour empêcher
la lumiere de fortir, & faciliter l'éva-
fion de la fumée. Voyez la figure cinq,
plance IV. Sur un des côtés de cette
Lanterne, eft foudée une piéce de fer-
blanc, qui forme un paffage étroit; mais
cependant affez libre pour que l'on puiffe aifément y introduire les bandes de
verre où font peintes toutes les figures
que l'on veut repréfenter fur le drap.

Il faut renverfer ces bandes, en les faifant paffer par la Lanterne, parce que les rayons de lumiere fe croifent à la rencontre de leurs foyers, & redreffent par conféquent les figures qu'ils peignent fur la toile avec des couleurs fort vives.

La Lanterne Magique que l'on donne en fpectacle de maifon en maifon dans Paris, eft moins compofée que celle dont je viens de parler, auffi n'a-t-elle pas un fi grand effet ; le cercle de lumiere n'y eft pas fi grand ; on n'y emploie que deux verres oculaires, dont le premier peut avoir trois à quatre pouces de foyer, le fecond huit à neuf pouces ; le premier de ces verres eft fondu dans un moule du calibre relatif, & par conféquent il ne fçauroit être bien régulier. On ne voit pas de miroir de réflexion au fond de cette Lanterne, ce qui caufe une grande diminution de lumiere , & rend conféquemment les objets moins fenfibles & plus confus.

Ce Chapitre eſt le terme de ce que je me ſuis propoſé de dire ſur le Méchaniſme de l'Art que je profeſſe. Les bornes des découvertes qui ont été faites juſqu'à préſent ne me permettent pas d'aller plus loin.

Fin de la premiere Partie.

TRAITÉ

D'OPTIQUE MECHANIQUE,

contenant une Inftruction fur l'ufage
des Lunettes.

SECONDE PARTIE.

CHAPITRE PREMIER.

De l'œil.

AVant que d'entrer dans aucun détail fur les fecours que la Providence nous a fournis dans ces derniers
tems pour le foulagement & l'amplifi-
cation de la vûe, il eft abfolument néceffaire de connoître la conftruction naturelle de l'organe qui lui eft deftiné, &
la maniere dont la vifion s'exécute.

La vûe eſt ſans contredit le plus délicat & le plus noble de tous les ſens; elle nous découvre la diſtance, la grandeur, le coloris, la figure, & le mouvement des corps qui nous environnent; c'eſt par elle que nous joüiſſons du ſpectacle pompeux & toujours varié que la nature nous étale : ſans elle nous ſerions privés d'une infinité de connoiſſances néceſſaires, utiles ou agréables.

Quels ſoins ne doit-on pas apporter pour la conſervation d'une faculté ſi précieuſe, que rien ne peut ſuppléer, & dont aucun art ne peut reparer la perte.

Deſcription de l'œil.

L'œil, ou plûtôt les yeux, ſont l'organe de la vûe ; car la nature nous en a donné deux, dont un ſeul peut ſuffire ; ſi l'autre vient à périr par quelque accident. Ils ſont placés dans la partie ſupérieure & antérieure de la tête, pour diriger l'action de nos mains, & le mouvement de nos pieds.

On diſtingue dans l'œil trois membranes, & trois humeurs différentes.

La premiere membrane ou tunique,
s'appelle le blanc de l'œil; elle eſt tranſ-
parente dans ſon miliéu, & aſſez ſemblable à de la corne, c'eſt pourquoi on
la nomme *Cornée*. Le reſte de la membrane eſt opaque, & porte le nom de
Sclerotide.

Sous cette premiere enveloppe il
y en a une autre qui eſt de même opaque, mais qui eſt percée dans le centre
d'une ouverture exactement ronde, laquelle s'élargit ou ſe retrecit, pour n'admettre que la quantité néceſſaire de
rayons de lumiere. Cette ouverture s'appelle *la Prunelle*, & les fibres qui l'environnent, ſervent par leur tenſion ou
par leur relachement à augmenter ou
diminuer ſon diametre; l'un ou l'autre
de ces mouvemens ſont involontaires.
Lorſque nous ſommes dans un lieu obſcur, la prunelle s'élargit d'elle-même,
pour donner entrée à un plus grand
nombre de rayons; mais lorſque nous

sommes placés au grand jour, comme
en plein midi, par un tems clair & se-
rain, cette ouverture devient plus petite, afin que l'œil ne soit pas blessé par
une trop grande abondance de lumiere.
De-là il est aisé de reconnoître la bonne
ou la mauvaise disposition d'un œil. Après
avoir abaissé la paupiere supérieure, faites-
là relever promptement : si vous voyez
alors la prunelle changer de diametre
en se retrecissant subitement, l'œil est
sain : si ce changement se fait avec lenteur, la vûe est foible : si la prunelle est
immobile, c'est un signe d'aveuglement.

La seconde membrane s'appelle *Uvée*,
parce qu'elle ressemble au grain de rai-
sin : en Latin *Uva*. Les uns l'ont bleue
ou rousse ; d'autres d'un gris tirant sur le
verd, ou sur le noir. Le tissu qui sert
de continuation à l'Uvée s'appelle *Choroïde*.

Derriere l'Uvée on trouve d'abord
une liqueur claire & transparente comme de l'eau, qu'on nomme pour cette raison, *humeur aqueuse.*

Au-delà & vis-à-vis de la prunelle, il y a un corps pareillement diaphane, mais folide comme du criflal ; il s'appelle *Criftallin*, & fa figure reffemble à une lentille.

Après le Criftallin la cavité de l'œil fe trouve remplie d'une humeur claire & luifante, dont la confiftance tient le milieu entre la fluidité de l'humeur aqueufe, & la folidité du Criftallin ; & parce qu'elle eft affez femblable à du verre fondu, on la nomme *humeur vitrée*.

Enfin le fonds de l'œil eft tapiffé d'une membrane noirâtre extrémement délicate, qu'on croit être une extenfion du nerf optique. On l'appelle rétine, parce qu'elle eft compofée de fils très-déliés, entrelaffés comme une efpece de retz ou filet.

L'œil a une figure à peu près orbiculaire ; il eft enchaffé dans une emboëture offeufe, comme dans un moule qu'il remplit entierement, & où il fe meut néanmoins avec une facilité & une vitesse prodigieuse, afin de se porter vers les différens objets, sans que nous soyons obligés de trop remuer la tête.

Les mouvemens de l'œil s'exécutent par le moyen de six muscles. Le premier sert à élever l'œil ; le second à l'abaisser ; le troisiéme dirige cet organe vers le nez ; le quatriéme le ramene vers l'extrémité appellée le coin de l'œil, ou *Canthus*; les deux derniers l'entourent & le meuvent obliquement. Si ces derniers muscles agissent avec une force égale, nos regards sont droits & réguliers ; mais si l'un des deux a plus de vigueur que l'autre, il nous oblige à regarder les objets de travers, ce qu'on appelle loucher. Il faut encore remarquer que les muscles obliques s'allongent pour recevoir distinctement l'image des objets voisins, & qu'ils se raccourcissent lorsque nous considérons les objets éloignés.

Définition de la vûe.

La vûe est un sens ou une faculté de discerner les objets corporels par la

moyen de la lumiere qu'ils réfléchissent,
& dont les rayons paſſant au travers des
membranes & des humeurs de l'œil,
peignent l'image de ces objets ſur la
rétine.

On appelle rayon tout filet de lumiere qui eſt renvoyé par l'objet, & qui
paſſe dans l'œil par l'ouverture de la
prunelle. Chaque point d'un objet éclairé réfléchit pluſieurs rayons qui peuvent
être conſidérés comme un cône de lumiere : & le rayon direct qui paſſe par
le centre de la baſe de ce cône, & par
le centre des humeurs de l'œil, s'appelle l'axe optique.

Comme nous avons deux yeux, il
faut diſtinguer deux axes optiques. Lorſque la pointe de ces axes ſe confond ſur
le même objet, nous n'en recevons
qu'une image ; mais ſi les axes ſont di-
rigés vers différens points, l'objet nous
paroîtra double : c'eſt ce que l'on peut
éprouver ſoi-même, en ſoulevant un
peu le globe de l'un de ſes yeux.

Il faut auſſi diſtinguer deux cônes

ou pyramides optiques ; le fommet de l'un eft du côté de l'objet ; la pointe de l'autre eft dans l'œil ; par conféquent ces deux cônes font oppofés à la bafe.

Maniere dont fe fait la vifion, & dont les objets fe peignent fur l'organe immédiat de la vûe.

La defcription que nous avons don-née de la Chambre obfcure dans la pre-miere partie de ce Traité , peut nous fournir une jufte idée de la maniere dont fe fait la vifion, car le méchanif-me de cette Chambre eft exactement imité de la conftruction de l'œil. Voyez le Chapitre de la Chambre obfcure, Partie I.

Les rayons de lumiere qui partent de l'objet, paffant par la prunelle , font reçûs dans les humeurs de l'œil, dont la convexité force les rayons obli-ques de fe brifer en s'approchant de la perpendiculaire ; & ces rayons fe réu-niffant enfin fur la rétine, y peignent l'image de l'objet , telle qu'on le voit repréfenté

repréfenté fur le drap de la Chambre obfcure.

La rétine ébranlée par l'impulfion des rayons qui la frappent, communique fon mouvement au nerf optique; celui-ci le tranfmet au cerveau : & l'ame, en vertu de fon union avec le corps, eft excitée par ces mouvemens.

Selon que ces images font peintes plus ou moins confufément fur la rétine, la vûe de l'objet eft plus ou moins parfaite. La couleur noirâtre de la rétine contribue beaucoup à la diftinction des parties de l'objet, en abforbant les rayons qui fe réfléchiroient fans cela, & rendroient l'image confufe.

Certains objets font infenfibles à la lumiere du jour, comme les étoiles en plein midi, parce que l'abondance de la lumiere du Soleil, efface l'impreffion trop foible de la lumiere des étoiles, qui devient fenfible pendant la nuit, d'autant mieux que la prunelle fe dilate dans l'obfcurité, comme on l'a vû précédemment : c'eft pourquoi ceux qui viennent

N

du grand jour dans un lieu obſcur, ne voient rien d'abord, à cauſe que la prunelle n'a pas pû s'agrandir ſur le champ. Ceux au contraire qui paſſent tout-à-coup des ténébres à une grande lumiere, reſſentent une petite douleur, cauſée par l'impreſſion ſubite d'une grande quantité de rayons que reçoit la prunelle trop dilatée. C'eſt par la même raiſon que les Hibous, qui ont la prunelle fort ouverte, fuient le grand jour, & lui préférent l'obſcurité de la nuit.

Les objets nous paroiſſent plus grands ou plus petits à proportion de la diſtance où ils ſont placés à notre égard, parce que l'angle ſous lequel nous les voyons, devient plus petit à meſure qu'ils s'éloignent. Nous nous ſommes ſervis ailleurs de l'exemple d'une allée d'arbres placés à l'entrée; les arbres qui ſont à l'autre extrémité nous paroiſſent ſe toucher; mais à meſure que l'on avance, l'angle de viſion s'élargit, & les arbres de l'allée ſemblent s'écarter. Il en eſt de même d'une tour quarrée vûe de loin, elle nous paroît ronde, parce que ses angles se confondent ; si nous approchons ils deviennent sensibles.

Les vieillards voient mieux les objets un peu éloignés, que ceux qui sont trop voisins, parce que l'âge ayant relâché les fibres & les muscles de l'œil, les humeurs ont perdu quelque chose de leur convexité, ce qui fait que les rayons réflécis par un objet trop voisin, parviennent à la rétine avant leur réunion, & les représentent confusément. La même chose arrive aux jeunes gens, lorsqu'ils envisagent un objet de trop près.

Ainsi pour avoir la vûe claire & distincte d'un objet, il ne suffit pas qu'il soit bien éclairé ; mais il faut encore que les rayons qui partent des divers points de sa surface, se réunissent sur autant de différens points de la rétine. Au reste il n'y a rien de plus admirable que ce tableau tracé par la lumiere dans le fond de l'œil, lorsqu'on fait attention à la petitesse extrême de la rétine, qui n'a pas un pouce de diametre : comme chaque rayon formé un cône lumineux, & que les parties de la bafe font en propor- tion avec celle du fommet, on conçoit qu'il en réfulte dans chaque point de la rétine, une impreffion compofée, qui nous fait juger de l'étendue des corps qui réfléchiffent la lumiere.

On doit rappeller ici ce que nous avons dit en plufieurs endroits de la pre- miere partie de ce Traité, que les ob- jets fe peignent fur la rétine d'une ma- niere renverfée ; cependant ils nous pa- roiffent droits, parce que l'ame rapporte la fenfation à l'extrémité des rayons di- rects.

CHAPITRE DEUXIEME.

Quelle est la matiere la plus avantageuse pour la construction des Verres optiques.

LEs verres que l'on destine à servir de supplement à la vûe, devroient être aussi parfaits que les yeux mêmes. Mais comme les ouvrages humains ne sçauroient égaler ceux du Créateur, il faut se contenter d'en approcher le plus qu'il est possible.

Il n'y a pas de matiere solide plus analogue aux humeurs de l'œil que la glace ; mais cette matiere même est susceptible de plusieurs défauts, qu'il faut éviter avec soin dans la composition des Lunettes, tels que sont les fils de verre, graisses & bouillons, dont nous avons déja parlé ailleurs.

Ces impuretés nuisent beaucoup à la réfraction réguliere des rayons ; elles font mêmes préjudiciables à la vûe, parce qu'elles tiennent lieu de corps étrangers, dont l'interpofition la fatigue, bien loin de l'aider dans l'exercice de fes fonctions.

Nous avons encore rapporté les différens fentimens des Artiftes fur la couleur des glaces qui eft la plus convenable aux Lunettes. En général tout le monde convient que les verres faits de morceaux de glace couleur d'eau, font préférables aux autres, parce que telle eft en effet la couleur des humeurs de nos yeux. Ces fortes de verres font par conféquent propres aux perfonnes qui ont les yeux gris, & qui font le plus grand nombre. Mais il y a des vûes foibles & tendres qui ne s'accommodent pas fi bien d'une matiere blanche & brillante, que de celle qui tire un peu fur le jaune. Cette derniere couleur convient particulierement aux yeux noirs, d'autant mieux qu'elle dépouille les rayons rouges de ce qu'ils ont de trop vif. A l'égard des yeux bleus, les verres de couleur d'eau paroiſſent les plus convenables.

Des verres convexes propres aux vûes longues.

Les verres convexes ſont ceux qui conviennent aux vûes longues, parce qu'elles ont le criſtallin plus applati que les autres, ce qui exige qu'on les ſoulage avec une matiere propre à reunir les rayons de lumiere; & c'eſt ce que ſont les verres convexes.

Il y en a de deux ſortes; les uns ſont plans convexes, c'eſt-à-dire, convexes d'un côté, & plans de l'autre. La ſurface plane, & celle qui eſt convexe, doivent être polies & façonnées régulierement avec un ſoin égal.

La ſeconde eſpece comprend les verres biconvexes, c'eſt-à-dire, convexes des deux côtés, que l'on appelle auſſi *courbes oppoſées.*

L'une & l'autre eſpece ſe compoſent avec des morceaux de glace, pris à la Manufacture Royale du Faubourg

N iv

S. Antoine : car ceux qui se serviroient pour cela de verres ordinaires, courreroient risque de manquer le point de perfection qu'exigent ces sortes d'ouvrages, parce que la matiere du verre commun est plus tendre & moins cuite.

L'usage des verres biconvexes est parfaitement analogue à la configuration des humeurs de l'œil.

Diametre des verres de Lunettes.

On peut dire en général, que les verres des Lunettes ne doivent pas excéder le diametre de l'œil, qui est de 14, 15 à 16 lignes, afin que l'axe visuel se trouve toujours dirigé vers le foyer du verre, c'est-à-dire, vers le point où les rayons de lumiere se rassemblent.

Il faut faire ne exception pour les vûes louches, auxquelles on doit donner des verres d'inégale grandeur, observant de placer la petite Lunette du côté de l'œil droit, si leur axe optique se dirige à gauche, ou du côté gauche, s'il se tourne à droite. Cette disposition eſt très-commode à leur égard, parce qu'elle facilite la rencontre du foyer des verres avec leur regard, qui eſt oblique. Mais ordinairement les perſonnes louches ne font uſage que d'un œil, & ne ſe ſervent par conſéquent que d'un ſeul verre, qu'elles dirigent proportionnellement à l'obliquité de leur vûe.

Régles générales ſur le choix des Lunettes.

La meilleure régle, & la plus générale que l'on puiſſe preſcrire ſur le choix des Lunettes, c'eſt de préférer celles qui nous facilitent davantage la vûe des objets au naturel, & qui n'obligent point la prunelle à ſe dilater, ou à ſe retrecir; ni les muſcles optiques à s'allonger, ou à ſe raccourcir.

Afin de mettre cette obſervation importante dans tout ſon jour, il faut remarquer qu'il n'y a de bonnes Lunettes que celles qui procurent aux yeux du repos & de l'aiſance: ſi elles nous fatiguent, nous devons conclure de ces quatre choſes l'une; ou que nous n'en

avons pas befoin, ou qu'elles font mal-
faites, ou que la matiere en eft défectueufe, ou bien enfin qu'elles ne font
pas proportionnées à notre point de
vûe.

On peut aifément prendre le change,
en choififfant foi-même des Lunettes,
fi l'on n'eft pas dirigé dans le choix par
un Artifte habile & expérimenté : fouvent même la capacité de l'Artifte fe
trouve en deffaut, parce qu'il ne lui eft
pas toujours poffible de connoître au
premier coup d'œil la difpofition habituelle des yeux des perfonnes qui s'a-
dreffent à lui. Il faudroit cependant
qu'il la connût avant que de lui faire
éprouver des verres de différens foyers.
En voici la raifon.

Lorfqu'on préfente à quelqu'un une
Lunette qui n'eft pas accommodée à
fon point de vûe, fon œil fait effort
pour s'en aider, d'où il arrive que le diametre de la prunelle change alternativement à l'effai de plufieurs verres. Cependant comme il faut enfin fe décider,

on fe détermine à celui qui paroît ac-
tuellement le plus avantageux, quoiqu'il
ne foit pas toujours le mieux proportionné à ce point de vûe habituelle :
mais lorfqu'on eft de retour chez foi , &
que l'on veut faire ufage de fa nouvelle
emplette, que l'on croit excellente,
l'œil s'étant remis dans fon état naturel
pendant cet intervale , on eft tout étonné qu'elle ne nous paroît plus fi bonne.

Cet inconvenient, qui eft très-extraordinaire , me fait juger qu'un Opticien,
& non fimplement un Marchand de
Lunettes , ne doit faire effayer aux acheteurs que le moins de Lunettes qu'il eft
poffible ; & l'acheteur lui-même doit
être perfuadé que plus il en éprouvera ,
& plus il s'expofera à fe tromper dans le
choix. Rien de plus prudent en ces cir-
conftances , que de livrer d'abord fon
œil à l'examen & aux réflexions de l'Artifte avant que d'en venir à l'effai. Je
fuppofe dans cet Artifte l'habileté & la
probité néceffaires, pour préférer la véritable utilité de ceux qui lui donnent

leur confiance à un prompt débit de fa marchandife. Si les Marchands même entendoient bien leurs intérêts, ils connoîtroient que ce fyftême eft le plus lucratif pour eux, comme il eft le plus avantageux au public.

Ce que je viens de dire ne doit pas nous faire donner dans l'extrémité oppofée, qui feroit de penfer qu'on doit choifir la premiere Lunette qui fe préfente, avec laquelle on apperçoit les objets d'une façon claire & diftinéte. Le coup d'œil ne fuffit pas en cette matiere, parce qu'il y a divers degrés de perfeétion dans la vûe des objets confidérés au travers d'une Lunette, & qu'il eft important de choifir celle-là précifément qui eft la mieux proportionnée à la difpofition de nos yeux, autrement l'on fe chargeroit d'un meuble nuifible, parce que les différens foyers que l'on peut donner ayant une étendue déterminée, on en épuifera bientôt le nombre : & parmi ceux qui font obligés de prendre des Conferves de bonne heure, on en verra plusieurs qui à l'âge de 50 ou 60 ans, ne trouveront plus de Lunettes assez fortes.

Enumeration des différentes especes de vûes longues.

Il n'y a proprement que deux sortes de vûes : les vûes longues, & les vûes courtes. Les premieres, qui font l'objet principal de cet article, peuvent se diviser en six especes différentes.

La premiere espece de vûe longue, est celle de la plus grande partie des jeunes gens bien constitués, à qui le travail ni les maladies n'ont encore causé aucune altération dans l'organe ; leur conseiller l'usage des Lunettes pour la conservation de leur vûe, ce seroit vouloir persuader à un homme dispos, qu'il doit toujours aller en voiture, ou se servir de bequilles, pour ménager ses jambes.

La seconde espece comprend les vûes longues, mais foibles par nature, ou par accident. Nous donnerons bien-

tôt les marques les moins équivoques,
auxquelles on peut reconnoître fi l'on
eft dans ce cas, & fi par conféquent on
a befoin de Lunettes.

La troifiéme eft des vûes mixtes,
c'eft-à-dire, dont la foibleffe eft plus
confidérable dans un œil que dans l'autre : ces fortes de vûes demandent bien
des attentions de la part des Artiftes.
La principale confifte à ne jamais leur
donner des Lunettes dont les deux verres foient de même foyer, il faut donc
qu'ils fe fervent de Lunette, dont chaque verre eft un foyer différent, & proportionné au point de vûe particulier de
chacun des yeux.

Pour réuffir à connoître ce qui leur
convient, en ce cas on fait fermer l'œil
gauche : par exemple, & l'on met l'œil
droit à l'effai de différens verres, jufqu'à
ce que l'on ait rencontré celui dont le
foyer eft plus propre à cet œil. Enfuite
on procéde de la même façon pour
l'œil gauche, d'où il réfultera une Lunette qui aura peut-être 18 pouces de

foyer d'une part, & de l'autre 12, 14 ou 15. Il eſt clair que ceux qui ſont obligés de ſe ſervir de ces Lunettes compoſées, doivent avoir grand ſoin de faire une marque à leurs Lunettes, pour connoître de quelle maniere ils doivent les mettre en s'en ſervant, & afin de ne point confondre leurs foyers.

L'Artiſte qui négligeroit d'avoir égard à cette différente exigence des yeux d'une même perſonne, lui nuiroit, bien loin de lui être utile; car il eſt certain qu'en voulant rappeller ces organes à un foyer égal, on augmente leur foibleſſe par l'effort auquel on les aſſujetit. La diſproportion d'un œil à l'autre, eſt quelquefois ſi grande dans le même ſujet, que je me ſuis vû obligé d'aſſortir un verre de 12 pouces de foyer avec un autre de 6 pouces pour certaines vûes.

Au reſte l'Artiſte doit plûtôt conſulter ſon jugement & ſon expérience, quand il s'agit de faire ou de ne pas faire ces ſortes d'aſſortiſſemens, que s'en tenir au ſimple expoſé des acheteurs. Plusieurs nous disent, qu'ils ont un œil plus soible que l'autre ; mais comme cette inégalité ne vat ordinairement qu'à quelques lignes de différence, dans ce cas il seroit inutile de s'y arrêter, suivant l'axiôme qui dit, que le peu doit être compté pour rien.

Je mets dans la quatriéme classe des vûes longues, celles qui sont louches ; car l'une & l'autre qualité peuvent subsister ensemble, lorsque le loucher n'a pas affoibli la vûe au point de la rendre courte.

A l'égard de celles-ci, il faut suivre le principe général que nous avons adopté par rapport au choix des Lunettes pour les vûes longues ordinaires ; c'est-à-dire, qu'il faut les faire passer successivement par des verres de foyers différens, jusqu'à ce qu'on ait rencontré celui qui est le plus conforme à leur point de vûe.

La cinquiéme espece est des louches mixtes, chez qui l'axe de l'un des yeux seulement ne suit pas la direction naturelle, c'est-à-dire, qui ne louchent que d'un d'un côté. Ces fortes de vûes exigent, outre les précautions générales qui ont été indiquées ci-devant, qu'on leur donne des verres de Lunettes de grandeur inégale, le plus petit fera pour l'œil louche, fi le vice eft du côté du nez; mais fi l'on louche du côté de la temple, il faut lui deftiner le plus grand. Dans ce dernier cas le diametre du petit verre ne doit pas excéder le diametre de l'œil bien difpofé. Voyez ce qui a été dit fur cette matiere dans l'article des diametres des verres de Lunettes.

La fixiéme & derniere efpece comprend les vûes que l'on peut appeller exceffivement longues. On voit quelques perfonnes qui ne fçauroient confidérer un objet qu'en l'éloignant beaucoup de leurs yeux; cet accident arrive plus communément fur le retour de l'âge; il provient d'un relachement des fibres auxquels l'habitude de regarder ainfi de loin contribue quelquefois; fi l'on néglige de remédier à ce défaut, la vûe peut s'allonger au point, que la longueur

O

des bras ne fuffife pas pour porter l'objet à la diftance convenable, ce qui devient très-incommode, fur-tout pour certains Artiftes, qui font obligés de va-
quer de près à leurs occupations. On
peut rappeller ces perfonnes au point
de vûe ordinaire dont elles joüiffoient
auparavant, en leur donnant des Lunettes de deux pieds de foyer, ou même
d'un foyer plus court, comme de 22,
20 & 18 pouces, fi elles ont longtems
fatigué leur vûe par l'habitude vicieu-
fe dont nous parlons.

Pour m'expliquer encore plus précifément fur cet article, j'ajoute qu'il n'eft
pas fi aifé de déterminer un point fixe
pour ces fortes de vûes, que pour les
autres. On doit examiner avec foin leurs
difpofitions, & l'effet que produifent fur
eux les verres de différens foyers qu'on
leur fait effayer, afin de décider plus
fûrement quel eft celui dont elles peuvent retirer une plus grande utilité.

Marques auxquelles on peut connoître si l'on a besoin de Lunettes ou Conserves.

L'âge ne décide point absolument le besoin de Lunettes. Quelques personnes joüissent d'une vûe excellente jusques dans l'extrême vieillesse; & quelquefois la vûe s'affoiblit de telle maniere dans les jeunes gens, qu'ils font contraints de se servir de verres optiques. Cet affoiblissement peut venir de trois causes. 1°. D'une maladie interne qui altere peu à peu la transparence des humeurs de l'œil, par les liqueurs vicieuses qui s'y mêlent, d'où vient quelquefois un aveuglement total, quoique les yeux paroissent sains & entiers comme dans la goutte sereine qui affecte la rétine, les secrets de l'optique ne peuvent rien sur ces maladies, qui sont, comme les autres, l'objet propre de la médecine. 2°. De l'affaissement de la cornée, qui augmente le diametre de la prunelle. 3°. De l'applatissement du Cristallin. Ces deux derniers accidens obligent

d'avoir recours aux verres convexes,
dont le propre eft de procurer la réunion exacte des rayons de la lumiere,
& de forcer la prunelle à fe refferrer,
pour les recevoir dans leur état de con-
vergence. L'un & l'autre proviennent
de la chaleur du temperamment, ou de
quelques indifpofitions qui defféchent
les humeurs de l'œil, ou qui relachent
les fibres des mufcles optiques.

On peut fe reconnoître fujet à ces
inconvéniens. 1°. Si l'on eft obligé
d'approcher ou d'éloigner plus que de
raifon, l'objet que l'on veut appercevoir diftinctement. 2°. Si l'objet que
l'on confidere devient confus, ou paroît fe fouftraire à la vûe, dans le tems
qu'on le regarde avec le plus d'attention. 3°. Si en lifant un livre, par exemple, les lettres ou les lignes paroiffent
fe mouvoir, ou fe doubler, ou enjam-
ber les unes fur les autres. 4°. Si en
exerçant notre vûe nous fentons quelque douleur dans l'organe, ou fi nous
fommes contraints de faire des efforts,

qui nous engagent même à fermer les
yeux de tems en tems pour leur donner
du relache, ou à les promener fur différens objets, comme pour faire diverſion à
la contention trop penible qu'exige l'objet principal que nous voulons examiner.

Ceux qui n'éprouvent aucun de ces
effets n'ont beſoin, ni de Lunettes, ni
de Conſerves ; ceux qui en éprouvent
une partie, ou qui n'en reſſentent que de
légères atteintes, doivent prendre des
Conſerves ; elles ſoutiennent la vûe,
rapprochent l'objet, en facilitant la réunion des rayons de la lumiere, & accoûtument nos yeux à voir les objets dans
la diſtance naturelle, dont nous les ap-
percevions auparavant.

On peut rappeller ici ce que nous
avons dit dans l'article qui précéde immédiatement celui-ci, en parlant des
vûes exceſſivement longues. Ceux qui
ſont dans le cas, ne doivent pas tarder
à uſer de Conſerves, ou de Lunettes,
ſelon que l'affoibliſſement de leur vûe
eſt plus ou moins conſidérable : plus ils

O iij

différeront, & plus l'altération augmentera ; par-là ils se mettront dans la nécessité d'avoir recours à des verres beaucoup plus convexes qu'il n'eût été besoin dans les commencemens, & ils éprouveront à leurs dépens la vérité du proverbe :

Principiis obsta , sero medicina paratur,
Cùm mala per longas invaluere moras.

Pour combattre la fausse honte de ceux qui ne veulent pas user de Lunettes, dans la crainte de passer pour plus âgés qu'ils ne sont, il suffira de leur représenter qu'il ne faut pas s'exposer à un mal réel, pour éviter un mal imaginaire. L'expérience m'a appris que des personnes à qui il n'auroit fallu d'abord que des Conserves de six pieds de foyer, ignorant le besoin qu'elles avoient de s'en servir, & ayant laissés affoiblir leur vûe, ont été obligées de prendre des Lunettes de 18 & même de 12 pouces, ce qui fait une étrange différence ; car nous entendons par des verres de six

pieds de foyer, ceux par le moyen defquels on peut voir un objet jufqu'à
fix pieds de diftance, & plus aifément
encore à une diftance moindre : mais
les verres de 18 & de 12 pouces ne
donnent l'objet qu'à cette diftance de
18 ou 12 pouces, quoiqu'ils les repréfentent plus grands que le naturel, ce
que ne font point les Conferves, qui augmentent très-peu fon diametre.

Je ne prétend pas pour cela qu'on
doive donner à tout le monde des premieres Conferves de fix pieds de foyer;
car on a vû que le befoin qu'on en a,
peut venir de l'affaiffement de la cornée, ou de l'applatiffement du criftallin, ou de tous les deux enfemble. Or
ceux dont la vûe exige les verres du plus
long foyer, n'ont pas encore le criftallin applati; leur cornée peut aifément
reprendre fa convexité, après s'être fervis quelque tems de Conferves, comme
j'ai vû qu'il eft arrivé à quelques perfonnes à qui par conféquent les Lunettes font devenues un meuble fuperflu.

Quant à ceux qui ont befoin de verre d'un foyer un peu court, il y a toute apparence que leur criftallin eft alteré.

Ainfi quand l'affoibliffement de la vûe vient de quelque indifpofition paffagere, on ne rifque rien de prendre des Conferves d'un foyer convenable. Leur ufage ne fait point contracter la néceffité de s'en fervir toujours, pourvû néanmoins qu'elles foient bonnes & régulieres, car il ne faut pas attendre de pareilles effets des Lunettes communes, que l'on qualifie fouvent, mal-à-propos, du nom de Conferves. Celles-ci loin d'aider la vûe, contribue à fon dépériffement; c'eft ce que nous allons montrer plus particulierement dans l'article qui fuit.

Inconveniens & dangers des Lunettes communes.

Les Lunettes communes, travaillées au hazard, & faites, pour ainfi dire, à la groffe, de toutes fortes de matieres défectueufes, comme de verre de vitres, ou verre blanc d'Allemagne, font celles dont on a le plus grand debit. Mais fi le public connoiſſoit les funeſtes effets qu'occaſionne leur uſage, il n'auroit garde de faciliter un commerce qui lui eſt ſi préjudiciable.

Il eſt certain que ces Lunettes ſont plus propres à dégrader la vûe, qu'à la conſerver. 1°. Leur aſſortiment eſt irrégulier, l'un des verres étant ordinairement d'un foyer différent de l'autre. 2°. Elles ſont mal douciées, ce qui altere leur tranſparence. 3°. Elles ne ſont jamais de la même épaiſſeur dans les deux verres. 4°. Leur matiere eſt communément remplie de fils de verre, de bouillons, & d'autres imperfections ſans nombre. 5°. Chaque verre n'eſt pas déterminé à une ſeule courbure, mais il en contient pluſieurs de différentes ſortes : ce qui ne peut guère arriver autrement, parce qu'on en fait au moins ſix à la fois, & que les deux mains ſont occupées à les façonner. Or les habilles Artiſtes conviendront avec moi, qu'il eſt moralement impoſſible de faire à la main plus d'un verre à la fois, qui ait toutes les qualités requiſes dans un verre parfait.

Nous avons fait voir dans la premiere partie de ce Traité, qu'une des principales attentions de l'Ouvrier, doit être de conſerver dans la façon de ſes verres, l'unité & la régularité de leurs courbures : pour cela il faut, lorſqu'on les travaille, les tenir bien perpendiculaires à la courbure du baſſin ; mais comment en venir à bout, en ne travaillant même que deux verres à la fois ? ni l'un ni l'autre ne ſeront jamais parfaits, à cauſe du changement alternatif de droite à gauche, & de gauche à droite, que l'on eſt obligé d'obſerver de tems en tems, pour conſerver l'égalité d'épaiſſeur. D'ailleurs s'il faut tant d'attention pour faire des verres parfaits, en les fabriquant ſeul à ſeul, il eſt aiſé de conclure qu'il doit ſe trouver une infinité de défaut dans ceux que l'on fabrique deux à deux, & ſix à la fois. Lorſque parmi ces derniers il s'en rencontre quelques-uns de paſſables, c'eſt un effet du pur hazard.

Il eſt vrai que la modicité du prix de ces verres eſt un appas pour la multitude, ſur quoi je ne puis m'empêcher de déplorer l'ignorance de pluſieurs, qui eſtiment ſi peu ce que l'on peut appeller la moitié de la vie : car il n'en eſt pas des ſoulagemens qu'exige la vûe, comme des autres beſoins du corps. Par exemple, de la néceſſité de vêtir. Il eſt peu important pour la ſanté, que l'on ſoit couvert d'étoffes fines & précieuſes : mais la vûe ne peut ſe ſoutenir que par l'uſage des verres régulierement façonnés. Les meilleurs ne ſont jamais trop bons, pour ſuppléer à ce que le dépériſſement de l'organe commence à nous refuſer. Je connois des perſonnes qui ont conſervé pendant des 10, 15 & 20 ans le même degré de vûe; avantage que les Lunettes communes ne leur auroit certainement pas procuré. Il eſt bon d'entrer fur ce fujet dans quelque détail.

Comme les verres communs ont diverfes courbures, il eft très-ordinaire qu'ils ne repréfentent point les objets droits & teints de leurs couleurs naturelles; mais ils les font paroître courbes & imprégnés des nuances de l'Iris fur toute leur circonférence, ce qui caufe dans les yeux une efpece d'attraction en forçant les mufcles obliques à s'allonger pour voir l'objet plus diftinctement.

La difparité des foyers produit auffi d'étranges défordres. Un verre commun aura quelquefois au centre 12 pouces de foyer, & 10 à la circonférence. Outre cela, pour compofer une Lunette, on l'affortira avec un autre verre dont la circonférence fera de 14 pouces de foyer, & le centre de 10; d'où il eft aifé de conclure le dommage que des yeux foibles, mais d'une égale portée, recevront d'une pareille Lunette, qui obligera la prunelle de changer de diametre à chaque inftant.

Ces verres défectueux produisent quelquefois des espéces d'éteincelles, qui proviennent de ce que les rayons de la lumiere s'y brisent irrégulierement: on ne parvient à faire entierement cesser cet inconvenient que par l'usage des verres de couleur verde, jaune ou bleue. Or ces teintes étrangeres sont-elles mêmes capables de nuire à la vûe, parce qu'elles l'accoûtument peu à peu à voir les objets différens de ce qu'ils sont, & de ce que tout le monde les voit, ce qui s'appelle tomber de Cilla en Caribde, c'est-à-dire, éviter un mal pour tomber dans un autre.

On est alors fort embarrassé sur le parti que l'on doit prendre. Continuera-t-on l'usage des mauvaises Lunettes ? mais elles feront contracter l'habitude de ne recevoir l'impression de la lumiere, que d'une maniere oblique & tortueuse ; habitude que les verres les plus réguliers ne peuvent plus corriger lorsqu'elle est invétérée, parce que les muscles ont perdu leur souplesse.

J'avoue que nous fommes quelquefois contraints de tolérer cette pratique, dans les yeux mal affectés, à qui
les Lunettes les plus irrégulieres paroiſ-
fent les meilleures. A la vérité il y auroit ici un tempéramment à prendre,
ce feroit de donner à ces perfonnes des
Lunettes femblables , c'eſt-à-dire, du
même genre d'irrégularité que celles
qui ont altéré leur vûe : mais cela n'eſt
pas fans difficulté, parce que quoique
les verres irréguliers foient très-com-
muns, on ne trouve pas aifément de la
reſſemblance ou de la conformité entre
les uns & les autres ; c'eſt pourquoi tous
nos foins & tous les fecrets de notre art
deviennent quelquefois inutiles dans de
pareilles circonſtances. Si la même main
fourniſſoit toujours des verres à la même perfonne, l'Artiſte feroit plus à portée de déterminer ce qui convient à fon
état : mais hors de-là il eſt prefque impoſſible d'y réuſſir.

Un autre effet des Lunettes communes, c'eſt de caufer à la longue des ta-

ches ou des calofités à la cornée & au criftallin. On s'imagine lorfqu'on regarde le Ciel, de voir de petits corps voltiger dans l'air ; on veut les chaffer avec fa main, comme des moucherons importuns : mais on ne fait que de vains efforts ; ces mouches prétendues n'étant autre chofe que des parties de la cornée ou du criftallin defféchées ou endurcies par la trop grande abondance de lumiere, que de mauvaifes Lunettes laiffent paffer dans l'œil. Ces calofités empêchent une partie des rayons de parvenir fur la rétine, tandis que d'autres y tracent l'image de l'objet qui femble parfemée de points obfcurs : en même-tems la vacillation de l'axe optique nous fait attribuer des mouvemens divers à ces corps légers.

Comme le défaut le plus ordinaire des verres communs confifte dans l'irrégularité de fes courbures, il ne fera pas hors de propos de donner ici la maniere de le reconnoître fenfiblement. On fçait que tout verre convexe & bien figuré, étant expofé au Soleil, décrit un cercle lumineux à l'endroit de fon foyer. Si l'on fait cette épreuve avec un verre malfait, le cercle qu'il formera ne fera ni parfaitement rond, ni auffi petit, ni auffi vif que celui d'un bon verre. Cette expérience nous fait en même-tems comprendre comment l'irrégula-rité du cône lumineux, que forment les verres communs, force la prunelle qui le reçoit, à s'élargir, ou à fe retrecir outre mefure.

Malgré tout ce que je viens de dire contre les Lunettes communes, je ne doute pas que le grand nombre ne con-tinue à en faire ufage : tel eft l'empire de l'habitude ; mais j'efpere que le public intelligent me fçaura quelque gré des efforts que j'ai faits pour lui être utile; quoique ces mauvaifes Lunettes foient celles dont nous avons le plus grand de-bit, je n'ai pas héfité à m'élever contre elles, touché du trifte fort d'une infinité de perfonnes qui en deviennent les vic-times, & qui font réduites à cette extré-mité

mité, de ne plus tirer de secours, ni de leurs yeux, ni d'aucune sorte de Lunettes.

Préventions sur l'usage des Lunettes.

Cet article regarde particulierement deux genres de personnes qui donnent dans des excès opposés par rapport à l'usage des Lunettes. Les uns sont persuadés qu'il faut prendre des Lunettes pour conserver la vûe, & que le plûtôt est le meilleur; sur quoi ils disent en forme de maxime, que pour être longtems jeune, il faut faire le vieillard de bonne heure; ils n'examinent point s'ils ont réellement besoin de ce secours; ils croyent apparemment que les Lunettes sont comme des yeux de poche, qui tandis qu'on s'en sert, laissent nos organes dans l'inaction, & les empêchent, pour ainsi dire, de s'user, ce qui, selon eux, les entretient dans leur force.

Pour les désabuser, il suffit de répéter ici la comparaison dont je me suis servi ailleurs. Si l'on conseilloit à un

P.

homme qui fe porte bien, & qui eft difpos de fes jambes, d'aller toujours en voiture, fous prétexte de les confer-ver dans leur vigueur ; il répondroit qu'un exercice modéré, loin de nuire à nos organes, eft au contraire le moyen le plus propre à maintenir la foupleffe de leur reffort. Pourquoi porterions-nous un jugement différent de l'organe de la vûe ? s'il y a quelque difparité, on peut dire qu'elle eft à l'avantage de la théfe que je foutiens ici ; car la matiere des Lunettes forme une interpofition, qui ne peut manquer de gêner la vûe, jufqu'à ce qu'on y foit fait. Concluons donc que les Conferves ne portent ce nom que rélativement à ceux qui en ont réellement befoin, c'eft-à-dire, à ceux dont la vûe commence à s'affoiblir.

Il en eft d'autres qui malgré le dépé-riffement de leur vûe, refufent de s'affu-jétir à l'ufage des Lunettes. Ils ignorent que les momens font précieux ; dès que le befoin fe fait fentir, il ne faut pas différer de courir au reméde, qui deviendroit bientôt inutile contre la violence d'un mal qui empire tous les jours.

Il est vrai cependant que la nécessité de prendre des Lunettes est plus ou moins grande, selon le genre d'occupation auquel notre profession nous engage, comme on le verra dans l'article suivant.

A quels Artistes on peut conseiller l'usage des Lunettes.

Les Artistes qui ont le plus d'intérêt à menager leur vûe, sont en général tous ceux qui travaillent sur des objets fort petits, ou dont l'art consiste dans la délicatesse de l'ouvrage : tels que les Peintres en miniature, les Graveurs, les Horlogers, les Metteurs-en-œuvre, les Cizeleurs, les Brodeurs, &c.

On doit faire une exception en leur faveur à la régle que j'ai donnée cidevant, de n'user de Lunettes que lorsqu'on sent quelque affoiblissement ou altération dans la vûe ; la raison en est senfible. Leurs yeux, quelque bons qu'on les suppose, ne sont pas des microscopes ; l'attention continuelle qu'ils font obligés de donner aux parties les plus subtiles de la matiere qu'ils façonnent, fatiguent extrémement la vûe, & leur indique la nécessité où ils font de se servir de verres qui grossissent un peu les objets, s'ils ne veulent pas se rendre inhabiles aux fonctions de leur art, après 20, 15, 10, ou un moindre nombre d'années de travail. Les Brodeurs & Brodeuses en or & en argent doivent sur-tout user de Conserves, avant que d'en sentir un besoin marqué. L'expérience nous apprend que ces personnes-là font sujettes à perdre bientôt la vûe, lorsqu'elles ne prennent pas cette précaution, parce que les deux métaux sur lesquelles elles travaillent ayant des surfaces extrémement brillantes, causent des réflexions trop vives, qui ébranlent continuellement les fibres de l'œil. Pour en tempérer l'effet, je leur conseillerois de prendre des Conferves, légérement teintes de couleur verte, plûtôt que de fe fervir de verres blancs.

Si l'on demande pourquoi les petits objets fatiguent davantage la vûe que ceux qui font plus grands, je réponds que ces petits objets, à caufe de leur petiteffe même, envoyent une moindre quantité de rayons, & fait une plus légère impreffion fur la rétine, ce qui nous oblige à faire des efforts pour les appercevoir diftinctement. C'eft pourquoi comme les Microfcopes, qui font fort convexes, réuniffent un grand nombre de rayons, ils foulagent par conféquent l'organe.

Je fçai que quelques Artiftes fe fervent de Loupes qu'ils tiennent à la main; mais ils n'ignorent pas que cet inftrument les gêne infiniment dans leurs opérations: d'ailleurs, il eft rare qu'ils ayent attention de les choifir bien proportionnées à leur vûe, ce qui leur apporte un préjudice & une altération confidérable, dont ils ne s'apperçoivent pas d'abord, mais qui leur caufe dans la

fuite de vifs regrets. Ainfi s'ils veulent
m'en croire, ceux d'entre eux qui ont la
vûe bien bonne & bien faine, fe fervi-
ront de Conferves de fix pieds de foyer;
& les autres à proportion prendront un
foyer plus court, comme de 5, de 4,
ou de 3 pieds; mais ils doivent avoir
une finguliére attention à n'ufer que de
verres très-exactement façonnés, autrement la précaution que je leur confeille
deviendroit nuifible.

Il eft d'une égale importance, je le
répéte, que ceux qui commencent à
prendre des Lunettes, les choififfent le
plus conformés à leur point de vûe qu'il
eft poffible, fans cela ils rifquent de dégrader leur vûe, parce que les yeux s'accoûtument au foyer de la Lunette, au-
lieu que la difpofition de cet organe doit
décider du foyer. C'eft ce qui m'engage
à traiter la matiere plus en détail dans
le Chapitre fuivant.

CHAPITRE TROISIEME.

Du point de vûe, & des régles gé-
nérales à obferver dans la dif-
tribution des Lunettes.

LE point de vûe n'eft autre chofe
que la faculté de voir diftinctement
un objet à une certaine diftance, qui eft
proportionnée à la convexité du criftallin. Plus cette humeur de nos yeux eft
applatie, plus le point de vûe s'étend
au loin ; au contraire moins elle eft applatie, & moins le point de vûe aura de
longueur. Ainfi l'on donne des verres
convexes pour corriger le trop grand
applatiffement du criftallin, & des verres concaves pour fupprimer l'effet de fa
trop grande convexité.

Nous avons déja fait voir que la bonté rélative d'une Lunette, confifte uniquement dans fa conformité avec notre
point de vûe : ceux qui fe font fervis

P iv

pendant longtems de verres dont le
foyer étoit hors de leur point, l'ayant
altéré par cette mauvaife habitude, ne
peuvent fouvent recevoir aucun fecours
de notre Art. Ils ne trouvent point de
Lunettes affez fortes, ou, fuppofé même
qu'ils en trouvent, il eft quelquefois
dangereux qu'ils s'en fervent; parce que
la grande quantité de rayons que raffemblent les verres extrémement convexes,
eft capable par fon impreffion trop forte,
de ruiner bientôt le peu de vigueur qui
refte à leur organe. La maniere la plus
fimple & la plus fûre de connoître fon
point de vûe, c'eft d'en déterminer la
longueur fur la diftance qui eft entre
notre œil & l'objet vû clairement & diftinctement. Les régles que nous donnerons ailleurs fur ce fujet doivent être
fubordonnées à celle-ci.

Il s'eft préfenté à moi plufieurs perfonnes qui ont hâté le dépériffement de
leur vûe, en lui refufant les fecours néceffaires : je me contente de citer une
Dame de foixante ans ; (l'ufage des Lu-

nettes n'eft point prématuré à cet âge,
les bonnes vûes commencent pour l'ordinaire à s'en fervir en ce tems-là,) elle
m'avoua qu'il y avoit plus de quinze
ans qu'elle avoit fenti pour la premiere
fois le befoin de prendre des Lunettes,
aux marques que j'ai fpécifiées ailleurs ;
mais ne l'ayant pas fait par une fauffe
honte, la foibleffe de fes yeux étoit aug-
mentée au point que je ne pus pas lui
fournir de Lunettes d'un foyer affez
court pour fon fervice ; quoique d'ailleurs elle joüît d'une fanté parfaite. Je
fus donc contraint de lui confeiller une
Lunette à la main, qui lui procura quelque foulagement. Cependant je fuis bien
éloigné d'approuver abfolument l'ufage
des Monocles ; ils font fujets à divers
inconvéniens que je détaillerai à la fin
de ce Chapitre.

Mais il eft très-important de diftinguer ici le jour d'avec la lumiere dont
on fe fert la nuit : il y a bien des gens
qui n'ont pas befoin de Lunettes pendant la journée, & qui s'en fervent uti-

lement le foir , parce qu'elles raffemblent une quantité de rayons fuffifante pour remplacer en quelque forte , ou pour égaler la lumiere du jour. La même obfervation a lieu à l'égard de ceux qui ufent de Lunettes pendant la journée : il leur eft avantageux d'avoir pour la nuit des Lunettes plus fortes. Nous reviendrons ailleurs à cette diftinction.

Nous avons déja dit que l'âge n'eft point une raifon décifive pour le choix des Lunettes. Il m'eft arrivé plufieurs fois de donner le même foyer à deux perfonnes, l'une de 40 , & l'autre de 80 ans, notamment à l'égard d'une mere & de fa fille. Cependant la méthode ordinaire pour la diftribution des Lunettes eft fondée fur ce principe. En voici le plan détaillé.

Depuis 25 jufqu'à 35 ans, on donne des verres de 6, 5, 4, 3 pieds, ou même 30 pouces de foyer.

Depuis 35 ans jufqu'à 45, des foyers de 24, 22, 18 & 16 pouces.

Depuis 45 ans jufqu'à 55 , des

foyers de 14, 12, 10, 9 & 8 pouces.

Depuis 55 ans jusqu'à 70, des foyers de 12, 10, 9, 8 & 7 pouces.

Depuis 70 ans jusqu'à 90, des foyers de 8, 7, 6, $5\frac{1}{2}$, 5, $4\frac{1}{2}$, & même 4 pouces.

Selon cette progression, on ne distingue que vingt sortes de foyers différens pour autant de différens vûes longues, dans lesquelles sont comprises les personnes du plus grand âge. A l'égard de celles qui ont souffert l'opération de la cataracte, on leur destine communement des foyers plus courts, comme on le verra dans le Chapitre suivant.

Je ne prétends pas m'inscrire absolument en faux contre cette gradation; je m'en sers quelquefois moi-même lorsqu'il s'agit de contenter des personnes de Province, qui demandent des Lunettes, & qui ne donnent point d'autre indication du besoin qu'elles en ont, que celle de leur âge.

Mais on peut conclure de toutes les

obfervations qui ont été faites ci-de-vant, & de celles que nous ferons dans la fuite de cet Ouvrage, que cette ré-gle trop générale doit fouffrir une infi-nité d'exceptions, & que pour faire une bonne emplette en fait de Lunettes, il faut les choifir foi-même : & pour met-tre les acheteurs en état d'en juger, je joins ici l'article fuivant.

Qualité des Lunettes parfaites.

Les verres des Conferves ou Lu-nettes, pour être parfaits, doivent avoir fix qualités.

1. Pureté de matiere, c'eft-à-dire, exemptions de graiffes, bouillons & fils de verre.

2. Egalité dans l'épaiffeur de la courbure, fans quoi les centres des deux furfaces ne fe trouveroient pas vis-à-vis l'un de l'autre, & les rayons de lumie-re fe détourneroient de la route qu'ils doivent fuivre.

3. La perfection du douci.

4. Celle du poli.

5. La régularité des courbures.

6. L'égalité des foyers.

Dans les deux verres d'une même Lunette,

La premiere des six qualités que j'exige dans un verre parfait, fe connoît aifément en l'examinant attentivement au grand jour.

La feconde fe manifefte en mefurant le verre, quoique contenu dans fa châffe, avec un compas d'épaiffeur, que l'on applique à tous les points de la circonférence.

La troifiéme paroît au grand jour, en ce qu'un verre bien douci doit être clair & net comme une goutte d'eau, enforte qu'on n'y apperçoive aucune piqûre de grais ni d'émeri.

La quatriéme devient fenfible par la tranfparence du verre ; celui dont la furface eft couverte d'une efpece de graiffe fine n'eft pas fuffifamment poli.

La cinquiéme n'eft pas plus difficile à conftater ; on n'a qu'à regarder des caractères imprimés au travers du verre

que l'on veut éprouver ; s'ils paroiffent
auffi gros à la circonférence qu'au centre, c'eft un figne certain que la courbure eft réguliere & uniforme. La plus
grande partie des Lunettes péche par cet
endroit, foit parce que l'Ouvrier s'eft
fervi de baffins irréguliers, foit parce
qu'il n'a pas travaillé avec affez de précaution ; car il eft aifé de changer la
courbure, en variant l'appui de la main,
même dans un baffin régulier.

La fixiéme fe fait remarquer par l'effai des deux verres tenus fucceffivement à la même diftance de l'objet. Si
ces verres ont un foyer égal, l'objet
paroîtra de la même grandeur.

Les perfonnes qui demeurent en
Province, & qui s'adrefferont à nous
afin de fe pourvoir de Lunettes, peuvent effayer celles des gens de leur
connoiffance, & nous envoyer pour
modéle le verre qui convient le mieux
à leur vûe, auquel nous nous confor-
merons exactement, en leur fourniffant
des verres exemts des défauts qui pour-

roient fe trouver daus le modéle. Mais parce que cette méthode n'eſt pas abſolument ſûre, qu'on n'eſt pas toujours maître de diſpoſer de ce qui ne nous appartient point, & qu'il peut même arriver que l'on ne trouve pas parmi ſes connoiſſances, le modéle dont on auroit beſoin, j'indique dans l'article ſuivant le moyen d'y ſuppléer.

Maniere de prendre le foyer de toutes ſortes de Lunettes.

Premier moyen. Prenez un pied de Roi, que vous tiendrez perpendiculairement ſur un livre imprimé, ou manuſcrit, poſé ſur une table : tenez la Lunette dont vous cherchez le foyer à côté du pied, & hauſſez-la juſqu'à ce que le verre ne repréſente plus aſſez diſtinctement l'objet; ce qui arrive à 7 pouces de hauteur ou environ, ſi le verre a 6 pouces de foyer, à 9 pouces s'il en a 8, &c.

Si les verres dont on cherche la meſure ont plus d'un pied de foyer, il faudra se servir d'une régle graduée double ou triple d'un pied de Roi, &c.

Second moyen. Préfentez la Lunette au jour de la fenêtre d'une chambre, vis-à-vis le mur ou la tapifferie, les carreaux du chaffis de fenêtre pourront vous fervir d'objet, car les rayons qu'ils réfléchiffent paffant au travers du verre, traceront leur image fur la furface du mur.

Ainfi prenez une toife ou autre mefure, que vous tiendrez parallelement à l'Horizon ; enfuite approchez ou éloignez le verre, en le promenant fur la toife, jufqu'à ce que l'image des carreaux foit diftinctement repréfentée fur le plan vertical, ou plûtôt jufqu'à ce que les traits de cette image commencent à paroître moins diftincts, vous en conclurez la mefure du foyer du verre comme par le premier moyen.

Troifiéme moyen. Comme le foyer des Conferves eft extrémement long, puifqu'il va même jufqu'à fix pieds & plus, il faut, pour en avoir la mefure, y faire paffèr la repréfentation d'un objet beaucoup plus éloigné que les chaffis d'une fenêtre : on pourra le choifir au dehors s'il eft éclairé par la lumiere du Soleil ; on en aura l'image diftincte au foyer du verre.

Lorfqu'on voudra abréger l'opéra-tion, on pourra, (fi ce font des Lunet-tes pliantes & d'une pareille cour-bure,) pofer les deux verres l'un de-vant l'autre ; alors il fera plus aifé d'en mefurer le foyer, qui par cette jonction des deux verres fe trouve raccourci de moitié, comme nous l'avons dit ailleurs. Mais il faudra fe fouvenir de doubler le foyer lorfque vous demanderez des Lu-nettes. Celles, par exemple, de 24 pouces n'en produiront que 12. les ver-res étant unis : il faudra donc demander des Lunettes de 24, ainfi des autres à proportion.

Quatriéme moyen. Prenez la Lunet-te que vous avez trouvée la plus con-forme à votre point de vûe ; appliquez-la fur de la cire d'Efpagne que vous au-

Q

rez fait chauffer , l'empreinte de la courbure du verre reſtera ſur la cire; il n'en
faut pas davantage à l'Artiſte pour connoître préciſément , & pour vous envoyer des Lunettes du même foyer.

Remarquez qu'avant que d'appliquer
le verre ſur la cire chaude, il eſt néceſſaire de l'échauffer un peu lui-même, de
peur qu'il ne ſe briſe : en faiſant cette
opération , il faut tenir la Lunete à la
main , afin que la châſſe n'en ſoit pas en-
dommagée par le feu.

On conçoit que ce dernier moyen eſt
également propre aux verres concaves
& aux verres convexes.

Ceux qui ont déja des Lunettes convenables à leur point de vûe , ne doivent pas être embarraſſés , ſi par accident elles viennent à ſe caſſer ; car ils
peuvent en envoyer un fragment dans
une lettre , lequel ſuffira à l'Artiſte pour
en faire de nouvelles , exactement ſemblables aux premieres.

En finiſſant cet article, je dois prévenir certaines perſonnes peu inſtruites,

lefquelles nous demandent quelquefois des verres qui groffiffent les objets, & qui en même tems les faffent apperce-voir de loin, que c'eft exiger l'impoffi-ble : ce privilége eft refervé à la Lunette d'approche à deux ou à quatre verres. Dans la Lunette fimple plus le foyer en eft court, & plus elle groffit les ob-jets; mais par une conféquence nécef-faire, moins elle eft propre à faire voir les objets éloignés.

Comment le verre convexe groffit les objets.

Cet article fervira d'explication à l'obfervation précédente. On a fait voir ailleurs que les objets nous paroiffent grands à proportion de la grandeur, c'eft-à-dire, de l'ouverture de l'angle fous le-quel nous les voyons. Or les rayons qui partent de l'objet venant à rencontrer la furface du verre convexe, s'y brifent en approchant de la perpendiculaire ; d'où il arrive qu'ils fe réuniffent plûtôt, & forment par conféquent un angle plus obtus, une plus large ouverture qu'ils

Q ij

n'auroient fait fans l'interpofition du verre. Ainfi ils nous repréfentent l'objet d'autant plus grand, que la courbure du verre eft plus confidérable.

Le verre convexe a encore un autre avantage, c'eft qu'il raffemble & fait entrer dans l'œil une quantité confidérable de rayons, qui, fans fon fecours, fe feroient difperfés, & feroient devenus inutiles : cette abondance de rayons ne fert pas peu à diftinguer les parties de l'objet, mieux qu'on n'auroit fait à la fimple vûe.

C'eft apparemment à cette caufe qu'il faut attribuer en partie la différence remarquable qui fe trouve entre certaines perfonnes, dont les unes voyent les objets de beaucoup plus loin que les autres avec un verre de même foyer, par exemple, de 12 pouces. Il faut dire que leurs yeux raffemblent en plus grande quantité les rayons fortis de la Lunette, ou que ces rayons fe brifent dans leur organe d'une maniere plus nette & plus précife. On ne doit donc pas toujours s'en prendre au verre, s'il ne produit pas les mêmes effets dans les divers sujets, mais plûtôt à la différente conformation de leurs organes. Voyez le Chapitre 10ᵉ de cette seconde partie. Réponse à la troisiéme difficulté.

Ce qui prouve sensiblement la réunion des rayons de la lumiere dans le verre convexe, c'est qu'ils embrassent les matieres combustibles au point de leur foyer.

Deux especes de Lunettes à l'usage des vûes longues.

Ceux qui voudront prendre un soin particulier de la conservation de leur vûe, ne doivent pas se contenter d'une seule espece de Lunettes ; ils se trouveront mieux d'en avoir de deux sortes, les unes pour le jour, les autres pour la nuit : si celles du jour sont, par exemple, des Conserves de six pieds de foyer, celles de nuit pourront être de cinq, ou même de quatre pieds. La raison de cette différence, c'est que les Lunettes

d'un foyer court étant plus convexes
que celles d'un foyer plus long, raſſem-
blent plus de rayons, & ſuppléent la diminution de lumiere cauſée par l'abſen-
ce du Soleil, dont l'éclat ne peut être
égalé par les bougies, lampes ou chandelles. L'œil retirera un grand avantage du moyen que je propoſe, parce
que recevant toujours à peu près la même quantité de rayon, il ſe fatiguera
moins, & la prunelle ne ſera pas obligée de s'ouvrir ſi conſidérablement le
ſoir, ce qui maintiendra plus longtems
les organes dans le degré de vigueur où
ils ſe trouveront. Par une ſuite néceſſaire, la longueur du point de vûe ne di-
minuera pas, & ce n'eſt pas un médiocre avantage; car quoique les vûes courtes ſoient quelquefois auſſi bonnes que
les longues, il eſt cependant fort diſ-
gracieux d'avoir toujours le nez ſur les
objets, comme il arrive prématurément
à ceux qui ne s'aſſujétiſſent pas le plus
qu'ils peuvent à porter des Lunettes d'un
foyer un peu long.

Des Lunettes biconvexes.

Les Lunettes ou Conferves biconvexes, c'eft-à-dire, dont les verres font convexes des deux côtés, conviennent mieux aux vûes longues, que celles qui n'ont qu'une furface convexe; & cela pour deux raifons.

La premiere fe tire de la conformité des verres biconvexes avec le criftallin, qui eft la principale humeur de l'œil. Les Lunettes étant faites pour fuppléer au défaut de l'organe affoibli, il y a lieu de croire que plus elles approcheront de fa figure, plus elles lui procureront de foulagement.

La feconde, c'eft que les Lunettes qui ne font convexes que d'un côté, & plattes de l'autre, exigent une attention continuelle, pour les placer toujours de maniere, que la furface plane foit la plus proche des yeux, & la convexité du côté des objets : faute de cette attention, la vûe fouffre & s'altère infenfiblement, comme ceux qui font dans le cas peuvent l'avoir éprouvé.

Pour s'en convaincre, il suffit de rappeller le principe général de la Dioptrique, dont on a si souvent parlé dans le cours de cet Ouvrage ; sçavoir, que les rayons de lumiere qui tombent obliquement sur la surface d'un verre biconvexe se brisent deux fois ; l'une en entrant, & l'autre en sortant du verre, ce qui hâte & facilite leur réunion.

Si le verre étant convexe d'un côté, & plan de l'autre, les rayons entrent par la surface convexe, ils s'approchent de la perpendiculaire, & cette convergence n'est point détruite par la surface plane qui leur sert d'issue.

Si au contraire les rayons passent d'abord par la surface plane, ils continuent leur chemin en restant dans leur état de divergence, jusqu'à ce que la surface courbe par laquelle ils sortent les rendent convergens.

On voit que dans le premier cas les rayons se réunissent plûtôt que dans le

fecond de toute l'épaiffeur du verre.
L'expérience s'accorde ici avec le raifonnement. Prenez un de ces verres mixtes, & ayant tourné la furface plane du
côté de l'objet, par exemple, des caractères imprimés, la divergence des
rayons, deviendra fenfible à la circonférence du verre lorfque vous re-
garderez au travers. C'eft ce que les
Ouvriers appellent *berluer* : tournez le
verre, cette divergence difparoîtra. Il
eft donc conftant que les Lunettes biconves font préférables à celles qui ne
font convexes que d'un côté : ceci doit
s'entendre toutes chofes égales ; car je
préférerois fans doute des Lunettes
mixtes bien travaillées, aux Lunettes
communes convexes de part & d'autre.

Mais à l'égard des bonnes Lunettes,
il y a encore une obfervation à faire. Il
nous vient tous les jours des perfonnes
qui n'ont befoin que des Conferves les
plus jeunes, c'eft-à-dire, du plus long
foyer, lefquelles nous difent qu'el-

les voyent les objets plus diftinctement
avec les yeux, qu'avec les meilleures
Lunettes que nous puiffions leur fournir.
On croiroit d'abord que l'ufage des Lunettes leur eft préjudiciable, ou tout au
moins inutile ; mais il ne faut pas toujours en juger ainfi : il y a des vûes délicates que l'interpofition de la Lunette
bleffe & incommode , parce qu'elle
femble répandre un petit nuage fur les
objets. Mais outre que l'habitude peut
beaucoup en ceci, voici ce qu'il faut
faire pour obvier à cette difficulté ; c'eft
de ne donner aux plus jeunes Conferves
que le moins d'épaiffeur qu'il eft poffible. Or on peut les réduire à la jufte
étendue qu'exige la convexité de leur
foyer , enforte que ces verres foient
dans tous les points de la circonférence
auffi aigus que les bords d'un fol marqué. Alors les Lunettes feront moins
incommodes pour ceux qui commencent à en porter, ou ils s'y accoûtume-
ront plus aifément.

Des Monocles ou Lunettes à la main.

Les Lunettes à un feul verre qu'on tient à la main, appellées communement Monocles, ou Lancetiers, plaisent à certaines perfonnes mieux que les Lunettes ordinaires que l'on met fur le nez, On s'imagine que celles-ci donnent un air de vieilleffe, & répandent, je ne fçai quel ridicule fur la perfonne de ceux qui les portent; au lieu que les Monocles, fans être fujets à de pareils inconveniens, peuvent être maniés avec grace.

Je ne m'arrêterai point à combattre ces frivoles avantages : je me contenterai de remarquer, que l'ufage des Lunettes à deux verres eft plus conforme à la nature que celui des Monocles. Nous avons deux yeux dont les axes d'abord féparés, fe réuniffent enfuite dans un feul point : cette approximation des axes ne doit point être forcée, il faut qu'elle fuive fans effort la direction que lui donnent les mufcles optiques. Or en se servant de Lunettes à deux verres, qui ont chacune leur foyer distinct, cette direction n'est point gênée. Il n'en est pas de même, lorsqu'on use de Monocles, les deux axes optiques sont obligés de se confondre dans le même verre, qui n'a qu'un seul foyer. L'effort qu'il faut faire pour cela altère évidemment le jeu de l'organe ; & c'est la véritable raison pour laquelle ceux qui se servent de Monocles sentent baisser leur vûe en très-peu de tems. Souvent même il arrive que les axes optiques ayant contracté l'habitude d'une fausse direction, ne peuvent plus se prêter à l'usage des Lunettes à deux verres.

Cet inconvenient devient nul à l'égard de ceux qui ne voyent que d'un œil, ainsi ils ne courent aucun risque de se servir de Monocles ; mais ils ne sçauroient éviter l'incommodité qui se trouve dans l'occupation de l'une des deux mains, & dans le mouvement que la tête est obligée de faire pour suivre la main lorsqu'elle promene cette Lunette fur les objets que l'on confidere.

Comme les Monocles font ordinairement plus larges que les Lunettes à deux verres, la meilleure maniere de s'en fervir confifte à les tenir bien près de l'œil; par-là on évite le changement de foyer, & la variété des réflexions, qui eft le fecond inconvenient de cette efpece de Lunette.

On comprend que la main qui foutient le Monocle à quelque diftance de l'œil & de l'objet, ne fçauroit être fixe, non plus que la tête qui fuit fon mouvement, d'où il arrive que l'œil s'approche ou s'éloigne à chaque inftant du foyer, ce qui change le diametre de la prunelle, & fatigue l'organe.

Outre cela lorfque le Monocle fe trouve à une diftance à peu près égale entre l'œil & l'objet, le foyer donne de part & d'autre un double produit, du moins fi le verre eft convexe des deux côtés; par-là l'objet fe trouve confidérablement groffi, & la vûe s'accoûtumant à ce fecours difproportionné à fon befoin baiffe en peu de tems.

Il eft vrai qu'on peut parer à cet in-convenient, en fe fervant d'un foyer plus long, comme de 12 pouces ; alors on verra les objets auffi grands qu'avec un verre de 6 pouces que l'on tiendra près de l'œil.

En général, ceux qui ne voudront point quitter l'ufage des Monocles, malgré tout ce que nous en avons dit, doivent être attentifs à prendre des ver-res biconvexes d'une courbure pareille de part & d'autre, parce que l'inégalité en ce genre ne manqueroit pas de préju-dicier à leur vûe ; car la furface moins convexe repréfente l'objet d'une ma-niere un peu louche, & diminue la con-vergence des rayons de la lumiere dans l'autre furface, qui eft plus convexe.

Au refte les perfonnes de la Province qui s'adrefferont à nous, pour avoir de ces fortes de verres conformes à leur point de vûe, pourront connoître le foyer dont ils ont befoin, par les mé-

thodes que nous avons ci-devant don-
nées.

Ce que nous avons dit jufqu'ici regarde les vûes longues. Quant aux vûes
courtes dont nous parlerons inceffamment, quand elles fe fervent de Monocles, elles ont coûtume de les tenir près
de l'œil. Ainfi il convient de leur donner le même foyer des Lunettes à deux
verres dont elles pourroient ufer.

CHAPITRE QUATRIEME.

Des différentes efpeces de vûes courtes.

ON entend ordinairement par vûes
courtes, celle des perfonnes qui
ont le criftallin extrémement convexe;
ce qui fait que les rayons de lumiere
fouffrent de plus grandes réfractions
dans leur organe, & fe réuniffent plus
promptement que dans les perfonnes
qui ont la vûe longue.

C'eft pour cela que ces fortes de vûe

s'approchent le plus qu'il eſt poſſible de l'objet qu'elles conſidérent & demandent à être aidées par des verres concaves qui rendent les rayons divergens, & les empêchent de ſe raſſembler avant que d'être parvenus au fonds de l'œil.

La premiere eſpece de vûe courte, comprend celles qui le ſont de naiſſance. Ces ſortes de vûes, quoique courtes, peuvent être très-bonnes, & ſe paſſer de Lunettes: leur en perſuader l'uſage, ce ſeroit les aſſujétir ſans néceſſité, comme ſans ſuccès. On en voit qui parviennent à l'âge le plus avancé, & qui meurent ſans avoir jamais eu beſoin de nous appeller à leur ſecours.

Il paroît même que la vûe courte eſt un avantage naturel qui nous rend capables des opérations les plus délicates. Combien d'Artiſtes exécutent avec le ſeul ſecours des yeux, mais à la vérité de fort près, des ouvrages extrémement fins, que les vûes longues ne ne peuvent appercevoir qu'avec des Loupes. Les gravures de Calot, de le Clerc, & d'autres maîtres qui ont travaillé dans le même goût, ont été faites fans Lunettes.

Les Peintres en miniature les plus célèbres, ont eu pour la plûpart la vûe courte, &par-là même ils fembloient nés pour cet Art. Du moins eft-il fort heureux pour le public, qu'ils ayent fait fervir les difpofitions qu'ils avoient reçûes de la nature à la perfection d'un genre d'ouvrage, où l'on demande une exactitude fi recherchée.

Cette réflexion m'engage dans une autre qui pourra paroître étrangère à la matiere que je traite ; mais j'efpere qu'on l'approuvera en faveur de l'intérêt public, qui me l'a infpiré : elle regarde ceux qui ont des enfans nés avec des vûes courtes. J'ai reconnu dans le plus grand nombre des talens finguliers, les uns pour une chofe, & les autres pour une autre, ce qui eft bien plus rare dans les enfans qui ont la vûe longue,

R

Il feroit à fouhaiter que les parens y fif-
fent une attention particuliere, & qu'ils
applicaffent ces enfans aux occupations
les plus conformes à cette difpofition,
qui les mettroit en état d'exceller dans
le genre qu'ils auroient choifi. On fçait
qu'il n'eft pas poffible de réuffir quand
on marche hors de la voie que la Providence femble nous tracer par les dons
naturels qu'elle nous diftribue. Il eft
certain que les vûes courtes jugent plus
fûrement que les longues de toutes fortes d'ouvrages de méchanique. On
pourroit en rapporter la raifon phyfique : il faut moins de lumiere à ceux-la
qu'à ceux-ci. L'excès de lumiere ébloüit
les derniers, & les rend, pour ainfi dire,
aveugles fur une infinité de défauts. Les
derniers au contraire examinant tout
avec une fcrupuleufe attention, on di-
roit que leurs regards pénétrent jufqu'à
la feconde furface des objets, & rien
n'échappe à leur examen.

L'expérience m'a encore appris que
le plus grand nombre des Ouvriers qui

travaillent fur des matieres extrémement brillantes, comme l'or, l'argent
& la foie, perdent bientôt la vûe, ou
font contraints d'abandonner ce genre
d'occupation. Parmi ces Ouvriers ceux
qui ont la vûe courte, feroient plus utilement employés à travailler fur des
matieres brunes ou noires, qui fatiguent
les vûes longues ; car les vûes courtes
n'ont pas befoin de beaucoup de lumiere pour appercevoir les plus petits
objets : & lorfque les rayons font trop
abondans, leurs mufcles s'énervent par
l'effort qu'ils font pour en écarter le
fuperflu, ce qui rend peu à peu l'organe tout-à-fait infenfible.

Il y a des gens qui prétendent que
les vûes courtes dont je parle doivent
prendre des Conferves à un certain âge.
On allégue que par-là ils ménageront
leur vûe, & ne courront jamais rifque
de la perdre totalement, ou au moins
donner occafion aux cataractes, dont on
parlera dans la fuite de ce Chapitre,
comme il eft arrivé à plufieurs pour avoir

R ij

négligé cette précaution. Je ne puis approuver ce fentiment, & j'ai déja montré que l'âge précifément n'eft point une marque certaine du befoin qu'on a de fe fervir de Lunettes. Ainfi je ré-ponds que les vûes courtes à qui elles paroiffent néceffaires, en ont contracté la néceffité par un travail forcé, ou par quelque indifpofition qui leur eft furve-nue. En ce cas, & avant que la vûe foit confidérablement baiffée, il eft bon de leur donner d'abord des verres d'un foyer un peu long, comme de dix à douze pouces. On les gêneroit extrémement fi l'on vouloit les affujétir à des foyers beaucoup plus courts. Au refte comme l'âge n'y fait rien, ces foyers de dix à douze pouces peuvent convenir à des perfonnes de 25, 40, 50 à 60 ans. Il faut avoir égard aux difpofitions parti-culieres des fujet, bien plus qu'à toute autre chofe.

La meilleure raifon que l'on puiffe donner pour juftifier l'ufage des Con-ferves, à l'égard des vûes courtes &

bonnes, c'eſt que ces Lunettes, pourvû qu'elles ſoient très-régulieres, abré-
gent une partie. du chemin qui ſe trouve entre l'œil & l'objet, & ne fatiguent
pas tant l'organe, parce que ſon effort
n'eſt tenu d'aller que juſques au centre
du verre ou foyer qui fait ſeul le reſte
de l'ouvrage. Mais ce raiſonnement ne
paroîtra pas convainquant à ces vûes
fortes, que les Conſerves embarraſſent,
au lieu de les aider. Il faut toujours en
revenir au point déciſif qui doit régler
l'uſage des Lunettes, foibleſſe ou altération dans l'organe.

Ce ſont en effet les vûes courtes de
foibleſſe que je place au ſecond rang,
qui doivent appeller les Lunettes à leur
ſecours. On peut leur en fournir de trois
ſortes ; Lunettes ordinaires à mettre ſur
le nez, avec des verres concaves ; Lunettes d'approche à deux verres, l'un
concave, & l'autre convexe ; enfin Lunettes à la main à un ſeul verre.

Mais ſi l'on ſe ſert de ces dernieres,
il faut être attentifs à les porter tantôt à

droit, & tantôt à gauche, pour conferver une égale force dans les deux yeux;
fans cette précaution l'œil qu'on aban-
donne à lui-même perd une partie de fa
vigueur, & baiffe quelquefois jufqu'au
point de ne trouver aucun foulagement
dans notre Art.

La troifiéme efpece comprend les
perfonnes qui ont la vûe d'un œil plus
court que celle de l'autre; il n'eft pas
aifé de les fervir: il faut y apporter de
grandes attentions; examiner fcrupu-
leufement le point de vûe de chaque œil
en particulier, & leur donner des Lunettes dont les verres foient proportionnés à leurs différens befoins; cette
proportion affemble quelquefois dans
une même Lunette, un verre concave
avec un verre convexe, ou des verres
concaves de foyer très-différent. Nous
renvoyons le Lecteur à ce nous avons
dit fur cette matiere dans l'article des
vûes longues, troifiéme efpece.

La quatriéme efpece eft des vûes
louches; car le loucher peut fe trouver

également dans les vûes courtes, comme dans les vûes longues. A l'égard de ceux qui ont ce défaut, il faut examiner ſi les deux yeux ſont de la même force : en cas d'inégalité, on doit leur donner des Lunettes compoſées de verres à foyer inégaux, & marquer ſoigneuſement les côtés de la Lunette, pour diſtinguer celui qui convient à l'œil droit, de celui qui eſt propre à l'œil gauche. Voyez ce qui a été dit dans l'article du diametre des Lunettes, chapitre ſecond, vous y trouverez une obſervation importante pour les vûes louches.

En voici une autre qui n'eſt pas d'une moindre conſéquence.

Les vûes louches ſont celles qui voulant regarder un objet, ſont obligées de diriger l'axe de l'un des yeux d'une part, tandis que l'axe de l'autre œil ſe tourne d'un autre côté. Ce défaut vient de ce que la partie la plus éminente de la cornée, chez les perſonnes louches, eſt ſitué dans un œil différemment que

R iv

dans l'autre. Or comme l'objet que l'on veut confidérer doit être placé vis-à-vis cette partie plus faillante de la cornée, afin que les rayons qui en font réfléchis parviennent à la rétine, il s'en-fuit que les louches ne fçauroient diriger uniformement leurs axes optiques. C'eft pourquoi ils paroiffent regarder de travers, ce que les autres hommes regardent directement.

On conçoit que l'effet de cette obliquité diminue à proportion de l'éloignement des objets ; c'eft la raifon pour laquelle les louches voyent de loin avec des Lunettes à verres concaves , qui rendent les rayons divergens, & facilitent par conféquent leur entrée dans la prunelle & le fonds de l'œil. Par une raifon contraire les verres convexes ne fçauroient leur convenir.

Je place dans le cinquiéme rang ceux qui ont fouffert l'opération de la cataracte d'un feul œil, l'autre reftant court, tel qu'il étoit auparavant. Ces fortes de perfonnes doivent apporter de grandes précautions dans le choix des verres qui conviennent à leurs yeux : il faut sur-tout avoir égard à l'inégalité de force de l'un & l'autre œil, pour leur donner des Lunettes composées alors de différens foyers, comme de différentes courbures.

Il y a une derniere espece de gens, qui sont obligés de cligner les yeux lorsqu'ils observent un objet; ce sont des vûes délicates qu'une trop grande quantité de lumiere blesse & fatigue ; c'est ce qui nous arrive à tous lorsque nous venons des ténèbres au grand jour, ou lorsque nous regardons le Soleil. L'habitude de clignoter peut encore venir du vice de la prunelle, qui étant trop large, reçoit plus de lumiere qu'il ne faudroit : celle des Hiboux est ainsi conformée, aussi cherchent-ils les lieux sombres pour se dérober au grand jour. De même les personnes dont nous parlons voyent mieux quand le jour baisse, & quand il est presque nuit close, qu'ils ne font en plein midi. Comme les verres concaves font diverger les rayons, ils font propres à ces fortes de vûes.

Des verres concaves propres aux vûes courtes.

C'eft la trop grande convexité du criftallin dant les vûes courtes qui les oblige d'avoir recours aux verres concaves, pour empêcher la réunion trop prompte des rayons de la lumiere. Mais il en eft des verres concaves comme des convexes, c'eft-à-dire, qu'ils font de deux fortes; les uns concaves d'une part feulement, & plans de l'autre; les feconds concaves des deux côtés. Ceux-ci font les plus convenables, non-point par aucune fimilitude avec la configuration du criftallin, comme il a été dit à l'égard des verres biconves; mais plûtôt au contraire, parce que les verres concaves des deux côtés, corrigent par leur figure oppofée, l'excès de convexité des vûs courtes, mieux & plus fûrement que ne feroient les verres concaves d'un feul côté.

De-là il eſt évident que les verres convexes ne ſont point propres aux vûes
courtes, parce qu'ils aident la réunion des
rayons qui n'eſt déja que trop hâtée à leur
égard. Mais ſi les verres concaves leur
ſont utiles en retardant cette réunion, par
une conſéquence néceſſaire ils rapetiſ-
ſent les objets, en les faiſant voir ſous
un plus petit angle.

Quant à la matiere des verres concaves, elle doit être auſſi pure & auſſi
exactement façonnée que celle des verres convexes. Les couleurs les plus avan-
tageuſes pour les vûes courtes, ſont celles qui tirent ſur le jaune ou ſur le verd
d'eau ; mais le grand blanc leur eſt ordinairement nuiſible.

Je paſſe à la détermination des foyers.
Nous avons fait voir que les vûes courtes de naiſſance, mais bonnes d'ailleurs,
n'ont pas beſoin de Lunettes ni de Conſerves. Si cependant quelques perſonnes en veulent uſer par précaution, il ne
faut point leur donner d'autres verres
que ceux qui ſont préciſément l'effet de

leur vûes, c'eft-à-dire, dont le foyer eft à leur point, autrement leur vûe baiffera infailliblement ; auquel cas les premieres Conferves qui leur conviennent font de 4 pieds, 3 pieds & demi, ou 3 pieds de foyer. On peut enfuite paffer, felon le befoin, à des foyers plus courts, comme de 20, 18, 16 pouces, &c. en obfervant ce qui a été dit ailleurs pour les vûes longues.

Il faut en ufer à peu près de même à l'égard des vûes courtes & foibles qui forment la feconde efpece, & prendre garde fur-tout de ne pas forcer leur vûe par des foyers trop courts, de peur d'en hâter le dépériffement.

La troifiéme efpece, qui eft des courtes vûes mixtes, exige bien des attentions : il faut leur faire effayer, comme aux vûes longues, différens verres, & affembler dans une même Lunette ceux qui feront juftes à leur point. Il arrive quelquefois, après un férieux examen, que l'on eft obligé de joindre un verre convexe avec un concave, tant il fe peut trouver de difparité entre les yeux d'une même perfonne. D'autre fois il faudra joindre deux verres concaves de foyer très-différent, comme de douze, & de fix pouces, &c.

Il eft important d'obferver ici, que plus les vûes font foibles & défectueufes, plus les verres qu'on leur deftine doivent être parfaits. La moindre irrégularité étant capable de leur caufer un grand préjudice.

On doit encore avoir égard à l'habitude qu'elles ont contractée. Je m'explique. Un verre de Lunette fe caffe. Quand il s'agit de le remplacer, l'Artifte doit être attentif à donner un autre verre de meme couleur que le premier; & pour ne s'y pas tromper, il faut fe fervir du moindre fragment que l'ou aura pû conferver, comme d'une piece de comparaifon.

Il n'eft pas moins indifpenfable de donner à ce fecond verre la courbure du premier. Pour cela, il faut être bien fûr du baffin fur lequel on le façonnera, nous avons fait voir ailleurs, que les baſſins changent aiſément de courbure en travaillant. Si l'on veut pouſſer l'exactitude juſqu'au point où elle peut aller, on doit faire travailler chaque côté du verre ſur des baſſins différents, mais par le même Ouvrier; car il y en a qui pouſſent le douci plus loin que d'autres.

Quant à l'âge, il eſt aſſez inutile d'y faire attention. J'ai donné le même foyer de deux pouces & demi à trois perſonnes; l'une de 28, la 2ᵉ de 55, & la 3ᵉ de 80 ans. Une autre fois le même foyer de quatre pieds à un jeune homme de 24 ans, & à une Dame de 70, tous s'en ſont bien trouvés, parce que ces verres étoient proportionnés à leurs diſpoſitions. Ainſi les perſonnes de Province doivent s'attacher, lorſqu'elles nous demandent des Lunettes, à nous faire connoître l'étendue de leur point de vûe, plûtôt que leur âge. J'ai donné pluſieurs moyens dont elles peuvent ſe ſervir pour connoître ce point.

J'en donnerai inceffamment un autre pour les vûes courtes en particulier.

Nous n'ajoûterons rien ici à ce que nous avons dit ailleurs touchant la quatriéme efpece de vûes courtes ; la principale précaution confifte , comme à l'égard des vûes mixtes, à proportionner les verres des Lunettes , à la difpofition particuliere de chacun de leurs yeux.

Pour la cinquiéme claffe, il faut diftinguer fi l'opération de la cataracte, qui n'a été faite que fur un œil, il peut fe faire que l'autre œil n'en ait pas été affoibli ; & dans ce cas les Lunettes dont il ufoit auparavant , pourront encore lui fuffire. Mais comme il eft rare que le point de vûe n'en ait pas été confidérablement altéré , on fera obligé de recourir à des verres d'un foyer plus avantageux.

Il faut dire la même chofe de l'œil qui a fouffert l'opération; je veux dire qu'il faut lui donner un verre convenable à fon point , que l'on affemblera dans une même Lunette, avec le verre proportionné à l'autre œil. Si par hazard, ce qui eſt fort rare, l'œil ſain ne ſe ſervoit pas auparavant de Lunettes; comme l'œil malade ne ſçauroit s'en paſſer, il faut compoſer une Lunette dont l'un des verres ſoit plan des deux côtés, & qui par conſéquent ne faſſe aucun effet dans l'œil bien diſpoſé.

Quant à ceux qui ont ſouffert l'opération ſur les deux yeux, il eſt difficile d'établir quelque choſe de précis à leur égard. On peut dire en général que les jeunes gens ſont plus à portée d'être ſecourus, que les perſonnes les plus avancées en âge; mais il eſt bon d'attendre qu'il ſe ſoit écoulé au moins trois mois depuis l'opération pour prendre ſon parti. Cet eſpace de tems eſt néceſſaire pour juger ſainement de l'état des yeux des malades, comme nous allons le prouver inceſſamment.

Quelquefois la vûe ſe trouve tellement affoiblie après l'opération, qu'elle ne peut recevoir de ſoulagement des meilleures

meilleures Lunettes. Mr Gendron, l'un des plus célèbres Oculiftes de notre fiécle, m'a fait l'honneur de m'adreffer plufieurs perfonnes auxquelles on avoit fait l'opération. J'ai taché d'être utile à tous ; mais j'ai avoué à quelques-uns, que les fecours de l'art ne leur étoit d'aucune utilité, vû leur difpofition actuelle ; qu'ils devoient fe contenter du peu d'avantage que la fimple vûe pourroit leur fournir, plûtôt que de forcer, & par conféquent dégrader de plus en plus la vigueur qui reftoit dans leurs organes, par l'ufage des Lunettes extrémement convexes, qu'on feroit obligé de leur donner ; que le repos étoit le meilleur reméde qu'on peut leur confeiller dans la circonftance ; & qu'enfin le tems apporteroit peut-être quelque changement dans leur fituation, qui les mettroit en état de tirer du fecours des verres optiques.

Généralement parlant, on prétend que les vûes courtes font plus fujettes à la Cataracte que les longues ; c'eft

S

pourquoi j'ai remis à parler des unes &
des autres en cet endroit.

Idée de l'opération de la Cataraɛte.

L'opération de la Cataraɛte eſt la ſup-
preſſion d'une partie eſſentiel à la per-
feɛtion de la vûe, je veux dire le criſtallin, qui ayant perdu ſa tranſparence,
intercepte alors les rayons de lumiere
qui paſſent au travers de la prunelle,
& arrête toute communicaton d'images, d'objets extérieurs ſur la rétine. Ce
criſtallin une fois ſorti de l'axe de l'œil,
& abattu inférieurement à l'humeur
aqueuſe, & à l'humeur vitrée, les rayons
de lumiere nous repréſente de nouveau
les objets que nous avions perdus de
vûe, beaucoup plus foiblement à la
vérité qu'avant cet accident. Voilà
pourquoi on eſt obligé de ſuppléer au
criſtallin, non-ſeulement par des verres d'une convexité ſupérieure aux Lunettes, même les plus âgées, mais encore parce qu'ordinairement la vûe de
ceux à qui on a fait cette opération, reſte

beaucoup plus baſſe que celles des perſonnes les plus avancées en âge. Je n'en
ai encore trouvé aucune, qui après l'o-
pération put lire ou écrire ſans ce ſecours;
& j'en ai vû pluſieurs pour qui ces ſortes
de Lunettes étoient préjudiciables, auxquelles j'ai conſeillé de ſe bien donner
de garde de leur uſage, & de profiter
de cette nouvelle vûe, quoique foible,
que l'opération ſeule avoit été capable
de leur procurer.

Les verres convexes conviennent
donc aux vûes courtes, comme aux
vûes longues dans le cas de la Cataracte abattue. L'opération de la Cataracte n'étant autre choſe que l'abaiſſe-
ment ou la dépreſſion de la lantille du
criſtallin avec ſa capſule, dans la partie
inférieure de la chambre poſtérieure de
l'humeur aqueuſe ; l'humeur vitrée prenant alors la place de la criſtalline d'une
maniere conforme à ſa figure lenticulaire, en exerce les fonctions, & retablit par
conſéquent la vûe ; la trop grande convexité naturelle de cette humeur n'eſt

donc plus un obſtacle à l'uſage des verres convexes. On pourra leur en fournir depuis 4 pouces de foyer juſ-qu'à 18 lignes pour les plus foibles. S'il y a quelques vûes qui demandent de la régularité pour la courbure des verres, c'eſt ſans contredit, celles qui ont ſouf-fertes l'opération de la Cataraƈte. L'Op-ticien doit ſe ſouvenir que dans pareil cas, ſon verre doit être pour ces per-ſonnes-là un criſtallin artificiel, qui doit par conſéquent avoir toute la perfeƈtion dont l'art ſoit capable , autrement il courra les riſques de faire remonter la Cataraƈte, comme je vais le prouver, & faire perdre le fruit d'une opération quelquefois bien faite.

Quand j'exige qu'on ne donne des Lunettes aux perſonnes opérées que trois mois après l'opération, c'eſt pour pluſieurs raiſons.

Premierement, c'eſt que les Lunet-tes peuvent occaſionner la remonte de la Cataraƈte, par la contraƈtion que l'excès ou l'irrégularité de la courbure

des verres, peut procurer à tous les petits fibres inférieurs, qui quelquefois
n'ayant pas été déchirés, mais allongés
seulement, ramenent avec eux la membrane qui sert d'enveloppe au cristallin.
Et le cas dans lequel les Lunettes peuvent être extrémement nuisibles, c'est
lorsqu'on a haché le cristallin avec sa
capsule, (ce qui arrive souvent lorsque la
Cataracte est adhérente,) plusieurs lambeaux se trouvant représentés au fond de
l'œil par la surface du verre, qui au lieu
d'être un moyen de sensation plus exacte
& plus reguliere, devient par sa proximité immédiate de l'organe, un obsta-
cle très-préjudiciable par tous les ébranlemens que l'image de tous ces lambeaux occasionne sur la rétine.

Secondement, l'humeur vitrée ayant
pris la place de la cristalline, & étant
moins dense qu'elle, est plus sujette à
s'épaissir, & avec le tems à devenir plus
convexe; dans lequel cas nous sommes
obligés alors de donner des verres d'un
foyer plus long que nous n'en aurions

donné quinze jours après l'opération.
Importante raifon de c'''er l'ufage
des Lunettes, pour apprendre par le
tems l'efpece de courbure que prendra
l'humeur vitrée, pour décider d'une
maniere plus utile pour les malades le
foyer des verres qui leur fera le plus
avantageux.

Derniere raifon. Il arrive quelquefois en abattant la Cataracte, une extra-
vafion de liqueurs, qui trouble l'action
de toute la fubftance de l'œil, de façon que les rayons de la lumiere ne peuvent nous donner que des images confu-
fes des objets ; il faut donc auffi attendre
la clarification des liqueurs des yeux.

Je n'ai rien à dire de particulier touchant la fixiéme claffe, qui eft compofée des perfonnes fujettes à cligner les
yeux, fi ce n'eft qu'il convient de leur
donner des verres concaves, qui fervi-
roint à écarter une partie des rayons dont
la trop grande abondance les fatigue.
Mais il faut ici, comme ailleurs, avoir
égard dans le choix des verres à la force

plus ou moins grande de leur point de vûe.

On peut dire encore, fuivant l'expérience que j'en ai faite, que ces fix fortes de vûes courtes fe foudivifent en trente efpeces différentes, puifque les moins courtes font fufceptibles de fecours avec des verres de 6 pieds de foyer, 5 pieds, 4 pieds, 3 pieds, 30 pouces, 24, 20, 18, 16, 14, 12, 10, 9 & 8 pouces. Les plus courtes fe fervent de verres des foyers de 7 pouces $\frac{1}{2}$, 7 pouces, 6 pouces $\frac{1}{2}$, 6 pouces, 5 pouces $\frac{1}{2}$, 5 pouces, 4 pouces $\frac{1}{2}$, 4 pouces, 3 pouces $\frac{1}{2}$, 3 pouces, 2 pouces $\frac{1}{2}$ 27 lignes, 2 pouces 21 lignes. Les plus courtes & les plus rares, 18 & 16 lignes.

Moyens dont les vûes courtes peuvent fe fervir pour connoître leur point de vûe.

Une perfonne de Province, qui a la vûe courte, m'écrivit il y a quelques années, qu'après avoir effayé différentes fortes de verres chez les Marchands de

Lunettes , elle n'avoit point encore
réuſſi à en trouver de convenables à ſa
vûe , les unes ou les autres étant ou trop
courtes , ou trop longues ; & que faute
de ſecours elle étoit ſouvent obligée de
demeurer dans l'inaction.

Je lui répondis qu'elle pouvoit m'envoyer ſon point de vûe , en ſe ſervant
pour cela d'un dernier expédient que
j'avois imaginé , & qui a été ſuivi d'un
heureux ſuccès à l'égard de pluſieurs
vûes courtes qui s'étoient adreſſées à
moi. Il conſiſte à meſurer avec un fil
l'eſpace ou la diſtance des yeux juſqu'à
l'objet vû diſtinctement ; cet objet doit
être , par exemple , des caractères imprimés ou manuſcrits , & à m'envoyer
ce fil : la perſonne dont je parle ſuivit
mon conſeil. Par l'étendue du fil , je ju-
geai qu'il lui falloit des verres concaves de huit pouces de foyer. L'expérience confirma ce jugement. Cette
perſonne fut très-ſatisfaite des verres
de ce foyer ; elle me fit tenir dans la
ſuite environ deux douzaines de verres

achetés chez divers Marchands. Après
en avoir fait l'examen, je trouvai que
les uns avoient 14, 15, 16, 18 & 20
pouces de foyer, & les autres 10, 5,
4 & 3 pouces. C'est pourquoi aucun
n'étoit proportionné à son point de vûe.

Lorsque les vûes courtes qui ont besoin de Lunettes se présentent à nous,
il nous est aisé de connoître leur point
par la distance que nous leur voyons
prendre pour discerner les objets, ou
par le foyer des verres que nous leur
faisons essayer. Mais à l'égard des absens,
je n'ai point encore trouvé de moyen
plus abrégé & plus commode, que celui
que je viens d'indiquer. Il est néanmoins
sujet à quelques exceptions.

Exceptions au moyen donné.

Les exceptions que je vais proposer
dans cet article, sont fondées sur deux
faits surprenans, dont je puis attester la
vérité, puisqu'ils se sont passés sous mes
yeux.

Premierement. Une Dame âgée de

75 ou 76 ans, s'étant adressée à moi pour se procurer des Lunettes, je reconnus par diverses expériences, qu'elle ne pouvoit lire distinctement qu'en tenant son livre à six pouces de distance de ses yeux. Je lui fis essayer d'abord des verres de 4 & 5 pouces, & successivement de 6 & 7 pouces, &c. elle ne put lire commodément que lorsque je lui eus donné un verre de 18 pouces de foyer.

Je sçai aussi que quelques courtes vûes qui usent de Lunettes, ont trouvé plus d'avantages dans celles qui avoient un foyer double de leur point de vûe, que dans celles qui étoient de la même mesure.

Secondement. J'ai servi un jeune homme de 24 ans, qui voyoit distinctement à la distance de 7 pouces. Les verres de ce foyer ne lui procuroient point d'aisance, & n'augmentoient pas l'étendue de son point; il retiroit encore moins d'avantage des verres d'un foyer plus long. Je m'avisai de lui faire esfayer des foyers plus courts, & je parvins avec un verre de 3 pouces & demi à lui procurer la.vûe claire & diftincte des objets à 15, & même 18 pouces d'éloignement.

J'avoue que ces exemples font rares; mais ils n'en font pas moins conftans. Je n'entreprendrai point, (& fans doute le public judicieux ne l'exige pas de moi,) d'expliquer ces phénomenes, il eft certain qu'ils dépendent d'une conftruction finguliere des organes. Dans le premier cas, peut-être que la longueur du foyer force la prunelle à s'élargir, & par-là procure la vûe de l'objet à une diftance éloignée ; tandis qu'un foyer plus court laiffe la prunelle dans fon état ordinaire.

Dans le fecond cas, ne pourroit-on pas dire, qu'un foyer plus court procurant une plus grande abondance de rayons, fait une plus forte impreffion fur la rétine & fur les mufcles optiques, qui donne par conféquent la facilité d'appercevoir les objets éloignés mieux que ne feroit un foyer plus long.

Quoi qu'il en foit, j'ai été bien aife de communiquer aux Artiftes ces Obfervations fingulieres. Elles previendront la furprife où pourroit les jetter l'expérience qu'ils auront peut-être occafion d'en faire eux-mêmes. Elles les mettront auffi en garde contre une prévention auffi commune que mal fondée, qui fait foupçonner à quelques-uns, que les acheteurs nous en impofent, lorfqu'ils nous déclarent l'effet que nos verres produifent fur leurs organes. Quel pourroit être en cela leur but, & peut-on croire qu'ils veuillent fe tromper eux-mêmes en cherchant à nous induire en erreur? Il eft bien plus raifonnable de croire qu'il y a une infinité d'effets dont nous ignorons les caufes, mais qui n'en font pas moins réels. Une étude affidue, & les inftructions des Sçavans, nous en procureront peut-être un jour la connoiffance.

Malgré ces exceptions, le moyen que j'ai propofé ne laiffera pas d'être d'une grande utilité, parce que les deux cas dont j'ai parlé ne font pas communs, ainfi que je l'ai déja obfervé. Et dans le fonds cette méthode nous conduira toujours à quelque chofe de plus fûr, que d'envoyer au hazard des verres de 10, 12 à 15 pouces de foyer, à des perfonnes qui auroient befoin de ceux de 5 & 6 pouces, ou de 20 & 24.

Voici même une précaution que l'on peut prendre lorfqu'on a lieu de craindre l'erreur, c'eft d'envoyer avec le verre du foyer que l'on demande, deux autres verres, l'un d'un foyer fupérieur, & l'autre d'un foyer inférieur. Par exemple, fi la longueur demandée eft 12 pouces, on enverra trois verres; le premier de 10, le fecond de 12, & le troifiéme de 14 pouces. Il arrivera rarement que l'un des trois ne convienne pas à celui qui nous aura donné la commiffion.

CHAPITRE CINQUIEME.

Du toucher dans les Enfans.

LE loucher dans la plûpart des enfans ne vient d'aucun vice de conformation, mais de la mauvaife habitude qu'ils contractent de tourner leurs
yeux en même-tems de différens côtés.
Cet accident leur arrive le plus fouvent
lorfqu'ils veulent imiter d'autres enfans
déja louches, ou lorfqu'on leur préfente
plufieurs objets à la fois.

On en voit encore qui s'accoûtument à loucher, lorfqu'ils font placés
pendant un tems confidérable à côté
d'une chandelle, ou bougie, ou d'une
fenêtre, ou enfin de quelqu'autre objet
éclairé, capable d'attirer leurs regards.
Alors, foit par pareffe, foit par crainte
qu'on les reprenne, au lieu de tourner
les deux yeux & toute la tête vers l'objet
de leur curiofité, ils fe contentent de

le regarder comme à la dérobée avec l'œil qui en eſt le plus voiſin ; d'où naît enſuite la déſunion des axes optiques, ou l'habitude de loucher.

J'ai connu une Dame qui s'étoit occupée dans ſon enfance à contrefaire les perſonnes louches ; elle y réuſſiſſoit ſi bien, qu'elle devenoit, quand elle le vouloit, méconnoiſſable à ceux même qui la fréquentoient tous les jours. A l'âge de trente ans, l'un de ſes yeux, (c'eſt apparemment celui qui s'étoit le plus exercé au jeu que l'on vient de décrire,) baiſſa ſi conſidérablement, que lorſqu'elle reſolut de faire uſage de Conſerves, dont elle avoit extrémement beſoin, je fus obligé de lui en donner d'aſſorties de verres proportionnés au point de vûe de chacun de ſes yeux, mais très-différens entre eux ; car l'un étoit convexe de 4 pieds de foyer, & l'autre concave de 10 pouces.

La premiere fois que je vis cette Dame, je m'apperçûs d'abord que ſes yeux n'étoient pas bien allignés, & que l'un d'eux failliſſoit conſidérablement hors de ſon orbite. Il eſt évident que l'exercice qu'elle lui avoit donné, avoit allongé les ligamens, & affoibli par conſéquent les muſcles optiques. On peut juger, par cet exemple, de quelle conſéquence il eſt de veiller à ce que les enfans ne contraɛtent pas l'habitude de loucher. Ce défaut néanmoins n'eſt pas incurable, lorſqu'on y apporte promptement le reméde que nous allons indiquer.

Demi Maſques pour guérir les enfans de l'habitude de loucher.

Pour corriger les enfans de l'habitude de loucher, on ſe ſert d'un Inſtrument appellé *Maſque à louchette*; il eſt compoſé d'un morceau de Velours, ou du Raz de Saint Maur, où l'on ajuſte deux eſpeces de moules ou boutons creuſés & percés de maniere que les ouvertures ſe trouvent vis-à-vis la prunelle des yeux des enfans, à qui l'on applique ce maſque.

Ces

Ces ouvertures, qui dans le commencement doivent être fort petites, obligent les enfans à se tourner directement vers les objets qu'ils veulent regarder, pour recevoir les rayons de lumiere qui portent leur image dans l'œil. Par ce moyen les muscles optiques se relachent & perdent peu à peu la situation tortueuse que l'habitude contraire leur avoit fait contracter. A mesure que l'on s'apperçoit de cet heureux changement, on agrandit les ouvertures jusqu'à ce qu'enfin cette précaution devenant inutile, & les enfans étant guéris, on cesse de leur faire porter le masque.

J'ai imaginé une autre espece de demi masque, à l'occasion d'une jeune Demoiselle de Province qui me fut adressée, & qui louchoit trop considérablement pour espérer de la guérir par le masque ordinaire. Je fis dépolir deux morceaux de glace de la mesure du grand diametre de ses yeux; le centre de ces verres, de la grandeur d'une len-

T

tille, ayant été façonné des deux côtés
sur un plan régulier, fut mis à la place
des deux moules ou boutons du masque
commun. Elle portoit cet Instrument
pendant le jour, & ne l'ôtoit qu'en se
couchant. Le succès répondit à mes
espérances ; en six mois de tems les axes
optiques se redresserent, & la Demoiselle fut parfaitement guérie.

Dans la composition de ce dernier
masque, il est important de prendre
exactement la mesure du grand diametre des deux yeux, & de l'espace compris entre l'un & l'autre, afin d'appliquer
le centre des verres vis-à-vis de la prunelle, autrement l'on fortifieroit la cause du mal au lieu de l'affoiblir. A l'égard
du masque ordinaire, il deviendroit pareillement inutile, ou même préjudiciable aux enfans qui s'en serviroient, si
les personnes qui les soignent, n'appor-
toient une attention particuliere à empêcher que ces enfans ne dérangent la
position droite de ce masque.

Une autre Demoiselle âgée de 7 à 8

ans, louchoit également des deux yeux depuis l'âge de trois ans. Je conseillai à sa Gouvernante de ne point la laisser jouer à d'autre jeu qu'à celui du volant; comme cet exercice se trouva du goût de la jeune personne, l'application qu'elle y donna reforma en six mois de tems l'obliquité des axes optiques : on en voit la raison ; ces deux axes s'accoûtumerent à suivre la même direction pour se fixer sur le volant.

Il y a des gens qui pensent que le miroir suffit pour redresser la vûe des enfans. On leur présente tous les matins lorsqu'ils s'éveillent; & on les oblige, en les amusant, de s'y regarder pendant une heure au moins. Si le vice n'est point invétéré, on peut essayer ce moyen, qui n'est pas si efficace que les précédens. Mais au lieu d'un miroir de glace, je voudrois qu'on se servît d'un miroir de métal. En voici la raison.

La glace la plus parfaite ayant quelque épaisseur, & par conséquent deux furfaces refléchiffantes, caufe toujours quelque altération dans la repréfentation des objets. Mais le miroir de métal pur & fin, étant bien régulier pour le plan, & exactement poli, ne réfléchit les rayons que par fa furface extérieure; d'où il fuit qu'il peint les objets mieux dans le vrai, & qu'il eft par conféquent plus propre à reformer la vûe. J'avoue qu'il donne plus de fujétion que la glace, & qu'il faut le repolir de tems en tems, parce que l'haleine & l'attouchement des enfans le terniffent, & lui font perdre aifément fon luftre. On affure que ce miroir de métal a guéri plufieurs enfans de l'habitude de loucher. Nous ne diffimulerons pas néanmoins que fi le mal eft à un certain point, ou fi des accidens étrangers y ont donné lieu, comme la paralyfie, ou les douleurs de dents fuivies de convulfions, &c. alors les fecrets de l'Optique, & les foins des Artiftes, ne font pas capables d'y remédier. Il arrive quelquefois au contraire, que des enfans fur qui les remédes n'ont produit aucun effet, guériffent avec le tems.

De la duplicité dans la vûe des objets.

Quelques perfonnes s'imaginent que les louches voyent les objets doubles ; c'eft une erreur : mais il eft certain qu'ils voyent fouvent deux objets à la fois, parce que les axes de leur vûe fe dirigent de deux côtés différens, & quelquefois oppofés.

L'yvreffe ne caufe pas non plus de duplicité dans la vûe des objets ; elle peut feulement occafionner des mouvemens irréguliers dans les mufcles optiques, qui font vaciller les axes vifuels, & les empêche de fe fixer fur la même partie de l'objet : de-là vient qu'un homme pris de vin, croit voir les objets doubles ; mais s'il ferme un œil l'illufion ceffera.

CHAPITRE SIXIEME.

Des Verres de couleur.

NOus n'avons parlé ailleurs des verres colorés que par occasion ; il est
bon d'en traiter plus spécialement ici.

Quelques Oculistes en conseillent
l'usage à leurs malades, fondés apparemment sur cette raison, que les vûes
déja affoiblies sont blessées par la trop
grande vivacité de la lumiere que trans-
mettent les verres blancs, au lieu que
les verres colorés étant moins transparens interceptent une partie des
rayons.

De-là il faut conclure, que si l'on ne
ressent point cette foiblesse, on ne
doit pas se servir des verres de couleur,
parce qu'ils font aisément contracter
l'habitude de voir les objets différens
de ce qu'ils sont, & d'une autre maniere qu'on ne les voit ordinairement ;

enforte que fi l'on vient enfuite à les quitter pour prendre des verres blancs, on a de la peine à s'accoûtumer à ceux-ci, par l'opinion dont on étoit prévenu en faveur des premiers. Cette obfervation s'adreffe particulierement à ceux qui par état font intéreffés à écarter de la furface des objets, tout ce qui peut en altérer le coloris, ou y caufer quelque illufion.

Mais fi l'on eft obligé de fe fervir de verres colorés, on doit remarquer que l'expérience nous a appris, qu'il n'y a que trois couleurs favorables & avantageufes à la vûe; fçavoir, le verd céladon, ou autre qui ne foit pas haut en couleur; le bleu clair; & quelquefois le jaune, par rapport à certaines perfonnes. Ces verres feront d'autant plus utiles, que la matiere en fera plus pure, la teinte plus légère, & le travail plus parfait. Sans ces qualités les verres de couleur font moins eftimables que les verres ordinaires, parce que le brun de leur teinte joint aux défauts de la ma-

T iv

tiere, forme un double nuage qui nous dérobe une grande partie des rayons lumineux, & qui en altère quelquefois les réfractions, jusqu'au point de forcer les organes à prendre des formes vicieuses, pour se rendre les objets sensibles.

On doit donc proscrire sans exception tant de mauvais verres, que l'on débite sans discernement à Paris & dans les Provinces, tels que sont les verres de couleur verd de pré, verd de mer, gros bleu, jaune foncé, violet, pourpre, rose, &c. La matiere en est ordinairement remplie de défaut, qui nous empêchent de les travailler avec exactitude, & de les pousser au point de perfection nécessaire, pour qu'ils soient de quelque utilité.

De la vûe basse.

Il ne faut pas confondre les vûes basses avec les vûes courtes, quoique l'organe des unes & des autres ait beaucoup de ressemblance à l'extérieur. En effet les vûes basses ont ordinairement les yeux à fleur de tête ; mais il eft aifé de les reconnoître à l'effai des Lunettes : la plûpart ne tirent aucun fecours des verres concaves, qui conviennent aux vûes courtes ; il leur faut des verres convexes comme aux vûes longues, mais proportionnées à leur foibleffe, qui eft leur caractère diftinctif : c'eft pourquoi j'ai jugé à propos d'en traiter à part, de crainte que quelques Artiftes, trompés par l'apparence, ne perfuadent à ces fortes de vûes l'ufage des verres concaves, qui leur feroit très-préjudiciable, fur-tout lorfqu'ils s'en ferviroient pour obferver des objets peu éloignés ; par exemple, à 6 , 7 , ou 8 pouces de diftance.

Je ne diffimulerai pas néanmoins, que l'on rencontre quelquefois certaines perfonnes qui peuvent paffer pour avoir la vûe baffe, c'eft-à-dire, foible, à qui les verres concaves d'un long foyer, comme de 4 , 5 à 6 pieds font plus avantageux, ce qui provient fans doute de la différente configuration du

criftallin:mais le plus grand nombre s'ac-
commode mieux des verres convexes.

Maniere de se servir des Lunettes d'appro-che , & des verres à la main.

La plûpart de ceux qui se servent de
Lunettes d'approche à plusieurs verres , ont coûtume de fermer un œil,
tandis que l'autre est occupé à considérer les objets à l'aide de la Lunette.
Mais il en est d'autres qui ne prennent
pas tant de peine, & qui tiennent les
deux yeux ouverts, quoiqu'il n'y en ait
qu'un en action. Ce n'est pas que l'œil
qui est hors de la Lunette ne reçoive
alors l'impression des objets qui se présente à lui; mais cette impression est
extrémement foible , parce que l'attention de l'ame se porte presque toute entiere à la considération des objets qui
font vûs au travers de la Lunette.

Il n'y a rien là qui doive nous sur-
prendre., si l'on fait réflexion qu'il y a
une grande différence entre voir & regarder; en marchant, il arrive souvent

qu'on n'eſt point affecté par les divers objets que l'on rencontre , parce que l'on prend ſeulement garde au chemin par où l'on va ; quelquefois notre eſprit, profondement occupé de quelques penſées , n'eſt point frappé par ce qui ſe préſente à ſes yeux ; en ſorte qu'on peut dire en ces circonſtances, qu'en voyant on ne voit pas. Il en eſt de même à l'égard de ceux qui ont un œil ouvert hors de la Lunette d'approche : d'ailleurs comme les objets paroiſſent plus voiſins au travers de cet Inſtrument, à cauſe que les rayons briſés par les verres convexes, forment de plus grands angles dans l'œil ; cet organe reçoit alors des mouvemens, & une figure convenable, à la perception des objets vûs de près ; au lieu que l'autre œil, qui n'eſt point dans la Lunette, voit les mêmes objets comme éloignés, tels qu'ils ſont réellement : les rayons de ces objets formant de plus petits angles, font par conſéquent ſur l'organe une moindre impreſſion.

Si l'on me demande à quoi tendent ce raifonnement & ces explications, le voici. Il eft important de s'accoûtumer à tenir les deux yeux ouverts en fe fer- vant de la Lunette d'approche ; car ou- tre l'incommodité qu'il y a d'employer une main pour clore l'un ou l'autre, il eft des profeffions où l'on a befoin d'une main pour opérer, tandis que l'autre s'occupe à tenir la Lunette. Je puis citer entre autres la profeffion que j'exerce, dans laquelle l'Artifte ne fçau- roit ajufter les verres d'une Lunette d'ap- proche à leur véritable point, fans fe fer- vir en même tems de l'œil & de la main.

Si l'on objecte que l'on peut clore un œil fans y mettre la main, je réponds en premier lieu, que tout le monde n'y trouve la même facilité ; quelques perfonnes mêmes n'en fçauroient venir à bout. Secondement, ce clignement a toujours quelque chofe de contraint, qu'il eft bon d'éviter. Or l'habitude de tenir les deux yeux ouverts en fe fervant de la Lunette d'approche eft très-aifée à contracter, & ceux qui voudront s'y assujétir en reconnoîtront bientôt l'avantage.

Ce que nous avons dit de la Lunette d'approche doit s'appliquer aux Lanscetiers ou verres à la main, dont les vûes longues & courtes font usage pour lire ou pour écrire. On peut acquérir l'habitude dont je parle successivement & par degrés : il faut commencer à s'y exercer la nuit avec une ou plusieurs bougies, que l'on approche de l'objet vû au travers du verre. Cet exercice souvent répété, nous conduit au point d'appliquer, même en plein jour, notre vûe à un objet déterminé par la Lunette, sans faire attention aux divers objets qui font placés devant l'œil qui est hors de la Lunette.

On me reprochera peut-être d'être entré dans un trop grand détail, par rapport à la diversité des vûes longues ou courtes, & d'avoir souvent usé de répétitions. Mais j'ai cru qu'il valloit mieux m'exposer à la censure des perfonnes habiles, à qui rien n'échappe, que de manquer le but que je me fuis propofé, qui n'eft autre que l'utilité commune, & l'inftruction des Artiftes, dont plufieurs ignorent les principes de leur Art, (malheureufement pour le public : le nombre des Opticiens eft bien inférieur à celui des Marchands de Lunettes.) Ceux-ci feront convaincus que j'ai réellement travaillé pour eux, en dévoilant tous les petits fecrets que l'expérience m'a appris, & que je ne prétends point être le feul qui mérite la confiance du public. Mais fi quelques-uns d'entre eux jugent mal de mes intentions, ou blâment ma conduite, ils me juftifieront eux-mêmes dans l'efprit des gens cenfés, lorfqu'ils fe verront obligés de faire ufage des principes répandus dans cet Ecrit, pour partager le fervice exact du public, auquel une perfonne feule ne peut fuffire.

CHAPITRE SEPTIEME.

Premier moyen pour la confervation
de la vûe.

LEs rayons de la lumiere bleffent les yeux lorſqu'ils les frappent directement : pour voir, il n'eſt pas néceſſaire que l'organe ſoit ébranlé par cette lumiere directe ; il ſuffit que l'objet ſoit éclairé, & que les rayons qu'il réfléchit parviennent ſur la rétine. Il ſuit de ces principes, que le premier & le principal moyen de conſerver la vûe, eſt d'éviter, autant qu'il eſt poſſible, de ſe mettre vis-à-vis le jour, ou la lumiere, ſur-tout lorſqu'on travaille à des ouvrages qui demandent une certaine application. Il faut ſe placer de façon qu'on reçoive le jour de côté lorſqu'on veut lire, écrire, &c.

J'ajouterai que l'oppoſition directe d'une fenêtre vitrée eſt encore plus

préjudiciable à la vûe. Ces vitres
étant de verre commun, ne font pas
parfaitement planes ; elles ont des furfaces plus ou moins convexes, qui brifent fort irrégulierement les rayons lumineux, & qui peuvent occafionner des
mouvemens nuifibles aux yeux les mieux
difpofés. Il feroit donc à propos que
ces fenêtres fuffent garnies de carreaux
de glace polie. Ceux qui ne font pas en
état d'en faire la dépenfe, peuvent ufer
de chaffis de papier huilé, qui ont encore cet avantage, que les réflexions
de la lumiere font bien plus douces en
paffant par ce milieu, que par tout autre. Je confeille ces fortes de chaffis à
ceux, qui par la difpofition de leur lo-
gement, ne peuvent fe difpenfer de travailler vis-à-vis de leurs fenêtre, & en
face du jour.

Second moyen.

Nous venons de dire que les rayons
directs de la lumiere endommagent les
yeux. On en fent la raifon ; c'eft qu'ils

ont

ont alors une force, une vivacité peu proportionnée à la délicatesse de cet organe. La même chose arrive, lorsque la lumiere reçûe même obliquement entre dans l'œil en trop grande quantité.

De-là il faut conclure, que rien n'est plus contraire à la conservation de la vûe, que de travailler au Soleil. La prunelle se contracte extrémement pour exclure cette abondance excessive de lumiere capable de déchirer les fibres & le tissu de l'œil.

Par la raison opposée, on se gâte la vûe en travaillant au clair de la Lune. Sa lumiere blanchâtre est assez éclatante, parce qu'elle ne souffre qu'une seule réflexion. Mais comme cette réflexion est foible, à cause du grand éloignement où nous sommes de cette Planette, lorsqu'on veut se servir de cette lumiere, la prunelle se dilate prodigieusement, pour donner passage à la quantité de rayons nécessaires, les muscles se roidissent, &c. & après avoir répété

V

quelquefois ce pernicieux exercice,
on s'apperçoit que la vûe baiſſe & ſe dé-
grade.

Cet avis s'adreſſe particulierement
à certaines perſonnes, qui voulant faire parade de l'excellence de leur vûe,
la mettent à ces dangereuſes épreuves,
dont ils ne prévoyent pas les conſéquences.

Troiſiéme moyen.

Ceux qui ſont obligés de courir la
poſte, ou d'aller ſouvent à la campagne, ne peuvent rien faire de mieux
pour conſerver leur vûe, que de ſe ſervir d'un demi maſque à deux verres,
qui garantira les yeux du froid, du vent
& de la pouſſiere, & qui les empêchera
en même tems de recevoir les rayons
vagues de lumiere, qui tantôt plus
vifs, tantôt plus foibles, obligent la
prunelle à ſe dilater ou à ſe retrecir à
chaque inſtant, ſans ordre ni meſure;
ſans parler du criſtallin, qui de ſon
côté eſt contraint de prendre diverſes

formes pour s'accommoder aux différentes influences de l'air.

Les verres de ces demi masques doivent être placés sur la même ligne, vis-à-vis des yeux, & compofé d'une glace exemte de fils de verre, la plus pure & la plus mince que l'on pourra trouver. Il faut auffi qu'ils n'ayent aucune courbure, mais qu'ils foient parfaitement plans de part & d'autre, & d'une égale épaiffeur dans tous les points de leur circonférence. On montera ces verres dans des châffes de corne ou d'écaille de forme ovale, dont le grand diametre excédera d'un tiers le diametre de l'œil. Cette précaution eft néceffaire pour empêcher que la vûe ne foit pas plus bornée que fi l'on n'avoit point de mafque.

Quatriéme moyen.
Avantage du garde-vûe.

Lorfque l'on a befoin de lire ou d'écrire le foir à la lumiere, il faut avoir foin de mettre à côté, & non devant foi, la chandelle ou bougie dont on se sert.

Mais pour parer encore plus sûrement aux inconvéniens que produisent les rayons directs, il est très-avantageux de faire alors usage du garde-vûe.

On appelle de ce nom une espece de bordure quarrée, composée de fil de fer, & garnie de taffetas verd. On fait aussi des gardes-vûes de forme circulaire, ou en éventail ; on les insere dans une pince qui embrasse la bougie, & qui peut être élevée ou abaissée à volonté, selon la hauteur où la lumiere est placée.

Les gardes-vûes interceptent une partie des rayons dont la trop grande abondance pourroit blesser l'organe, & par ce moyen l'œil ne reçoit d'autre impression que celle qui est produite par la lumiere que les objets réfléchissent, laquelle suffit pour nous les rendre sensibles. Comme il faut moins de lumiere aux vûes courtes qu'aux vûes longues, l'Instrument que je propose sera plus utile aux premieres qu'aux secondes, ce qui n'empêche pas que celles-ci mêmes ne puissent s'en servir très - avantageusement, en se tenant dans la distance convenable de l'objet. C'est de quoi l'on peut aisément se convaincre, en mettant la main devant les yeux lorsqu'on travaille au grand jour.

Il est une autre espece de garde-vûe fait en forme d'entonnoir, dont la surface intérieure est argentée : on l'appelle Chandelier d'Etude. Le but de ceux qui ont imaginé cet Instrument, a sans doute été de multiplier les réflexions de la lumiere ; mais ils n'ont pas fait attention, que cette abondance pouvoit être nuisible, comme elle l'est effectivement, sur-tout à l'égard des vûes courtes. Ainsi loin de se servir d'un entonnoir argenté, on fera beaucoup mieux d'en avoir un qui soit noirci en dedans.

Je conseillerois même aux personnes qui sont obligées de beaucoup lire ou écrire, de se servir d'une espece d'abat-jour ou carton plié en cercle, en

guife de demi bonnet, doublé de papier ou de taffetas noir, qu'il faudroit
mettre fur le front, & fixer fous le chapeau, de façon que les yeux en fuffent
couverts. Ce meuble eft très-propre à
conferver la vûe, en fe garantiffant des
rayons collatéraux, qui font inutiles,
lorfqu'on travaille dans le cabinet.

Deux préfervatif contre l'ufage des Lunettes.
Premier préfervatif.

Prenez le foir en vous couchant un
peu d'eau-de-vie, la plus pure & la plus
forte que vous pourrez trouver, que vous
mettrez dans le creux de la main, &
dont vous baffinerez les fourcils, les
paupieres fupérieures, les tempes, &
la fontaine de la tête ; cette eau-de-vie
confommée, mettez-en de la nouvelle
en affez grande quantité pour humecter
la paume de vos deux mains, que vous
appliquerez enfuite fur vos deux yeux
exactement fermés, jufqu'à ce que cette
eau-de-vie foit entierement évaporée.

On prétend qu'après cette opération on doit fentir une chaleur douce & pénétrante, qui fortifie les nerfs & les ligamens de l'œil au point de rétablir leur foupleffe, & leur donner la facilité néceffaire pour s'allonger ou fe raccourcir, felon l'exigence des objets que l'on veut voir.

Cet exercice doit être répété le matin en fe levant; & l'on peut, dit-on, y avoir recours dès que l'on fent quelques-unes des foibleffes qui indiquent ordinairement le befoin des Conferves ou Lunettes.

On affûre que ce reméde a été pratiqué avec fuccès par plufieurs perfonnes; & c'eft ce qui m'a engagé à le communiquer au public, quoiqu'à dire vrai, je n'y ajoûte pas beaucoup de foi. Voici les raifons fur lefquelles mon doute eft fondé.

1°. J'ai de la peine à croire que de fimples frictions foient capables de rendre au criftallin fa convexité, lorfque l'âge ou les maladies l'auront altérée.

V iv

2°. Nos yeux font compofés d'humeurs , qui pour être utiles à la vûe,
doivent être fort tranfparentes. Or il me
paroît que rien n'eſt plus propre à diminuer cette tranfparence , que les liqueurs
chaudes & remplies de fels , telles que
l'eau-de-vie. Qu'on prenne le criſtallin
d'un œil de Veau , & qu'on le mette
dans l'eau-de-vie, ou même dans l'eau
ſimple , mais tiéde , auſſi-tôt fa tranfparence difparoît. A l'égard des fels , on
conçoit qu'en pénétrant le tiſſu des
corps , ils en bouchent les pores , &
s'oppofent par conféquent au paſſage de
la lumiere. Ajoûtons qu'il eſt encore
moins aifé de comprendre comment
l'eau-de-vie peut donner de la foupleſſe
aux nerfs & aux ligamens de l'œil ; car
les liqueurs fpiritueufes deſſechent plûtôt qu'elles n'amolliſſent les corps qui
en font frottés.

De ce raifonnement , que je foumets
aux lumieres des Lecteurs intelligens ,
je crois être en droit de conclure , qu'en
général tout ce qui échauffe eſt contraire

à la vûe. L'expérience nous apprend que rien n'eſt plus préjudiciable à cet organe, que de regarder le feu long-tems & fixement. Auſſi voyons-nous que les petits Chiens des Dames, qui ſont preſque toujours couchés auprès du foyer, deviennent ordinairement aveugles. Les Boulangers, les Pati-ciers, les Ouvriers qui travaillent dans les Verreries,&c.reſſentent pareillement dans l'organe de la vûe les atteintes d'une chaleur trop continue, qui deſſe-che la cornée & le criſtallin, & abſorbe la lymphe de l'humeur aqueuſe, dont ces parties doivent être abreuvées, pour conſerver leur tranſparence & leur poli. Ainſi il vaut mieux ſe laver les yeux avec de l'eau fraîche qu'avec toute autre li-queur.

Second préſervatif.

Malgré ce qui a été dit dans le Cha-pitre précédent, on ſe ſervira peut-être avantageuſement du reméde contre l'af-foibliſſement de la vûe, qui m'a été communiqué par le célèbre Mr. Gendron, Médecin Oculiste : faites infuſer trois priſes de thé, & après avoir ſéparé l'eau qui a ſervi à l'infuſion, expoſez vos yeux à la fumée du marc, dont vous empêcherez la diſſipation en vous couvrant la tête d'une ſerviette.

On aſſûre que cette vapeur peut reſoudre les humeurs vicieuſes dont le ſéjour altère l'organe de la vûe , & diſpenſe par conſéquent de recourir aux Lunettes. Cependant ſi le thé infuſé ne produit pas l'effet qu'on en attendoit, on conſeille de lui ſubſtituer la quantité de trois priſes de caffé, que l'on dit être bien plus efficace pour fortifier la vûe. Mais au cas que ces remédes ſoient inutiles , on fera toujours à tems de chercher du ſoulagement dans l'uſage des Lunettes ou Conſerves.

Inconvéniens de l'uſage du Bocal.

On appelle Bocal une eſpece de bouteille ronde de criſtal ou de verre blanc, remplie d'eau, dont ſe ſervent plusieurs Artistes, tels que les Metteurs en œuvre, les Lapidaires, les Graveurs, &c. pour se rendre plus sensibles les objets de leur travail.

Il est vrai que le Bocal grossit extrémement les objets, parce qu'il rassemble une grande quantité de rayons, & qu'il les transmet avec beaucoup de vivacité. Mais ce qui paroît d'abord un avantage, n'est au fond, pour peu qu'on y réfléchisse, qu'un inconvénient très-considérable par rapport au plus grand nombre.

On a pû se convaincre par les preuves que nous en avons apportées dans le cours de ce Traité, qu'il n'y a rien de plus préjudiciable à la vûe, que les verres qui ne sont pas proportionnés au point de chacun. Or comme le Bocal n'a qu'une seule & même maniere de réunir les rayons, il n'est pas possible qu'il convienne à tout le monde; il est même évident qu'en grossissant démésurément les objets, il est très-propre à faire promtement baisser la vûe de ceux qui s'en fervent, & qui ne font pas inftruits du danger auquel ils s'expofent.

Je n'avance rien ici qui ne foit confirmé par l'expérience ; ceux qui ont fait pendant quelque tems ufage du Bocal, font obligés de prendre, non pas des Conferves, mais des Lunettes très-fortes. Je puis en citer un exemple remarquable ; c'eft celui d'un Artifte âgé de 28 ans, à qui j'ai été obligé de donner une Lunette de 8 pouces de foyer, qui ne convient ordinairement qu'aux perfonnes de 70 ou 80 ans ; en-deçà des 8 pouces, l'art ne fournit que 4 à 5 degrés de foyer, plus courts & fupérieurs en force. Quelle fera donc la reffource de ce jeune-homme lorfqu'il avancera en âge, & que fa vûe aura éprouvé l'altération journaliere à laquelle nous fommes tous fujets ? Je crois que ces raifons font fuffifantes pour engager les Ouvriers à profcrire l'ufage du Bocal, & à lui préférer les Lunettes dans le cas de néceffité.

Avis pour empêcher que la vûe des enfans
ne baiſſe ou ne devienne courte.

Ceux qui réfléchiſſent ſçavent que
tout ce qui intéreſſe les enfans, entre
néceſſairement dans le plan de l'utilité
commune ; parce que deſtinés à nous
ſuccéder, ils doivent un jour former
eux ſeuls ce que nous appellons le public. C'eſt ce qui m'engage à placer
ici quelques Obſervations relatives à
mon ſujet.

Lorſque les enfans apprennent à lire
ou à écrire, la plûpart d'entre eux contractent la mauvaiſe habitude de regarder leurs lettres de très-près ; ils s'imaginent que par-là ils réuſſiront mieux à
ce qu'ils font. Or quand on ne fait pas
valoir ſa vûe dans le degré d'étendue
dont elle eſt ſuſceptible, c'eſt une néceſſité qu'elle baiſſe inſenſiblement, à cauſe
du relachement des fibres & des muſcles qui eſt la ſuite de cette habitude.

Il eſt donc très-important que ceux
qui ſont prépoſés à l'éducation de la

jeuneffe, foient attentifs à ce que les enfans tiennent leur livre & leur écrit dans la diftance convenable à leur point de vûe. C'eft quelquefois la crainte d'être févérement repris qui les réduit à cette pofture génante, perfuadés que l'on étudie avec plus de fuccès de près que de loin. Un peu plus de douceur de la part des Maîtres pourroit dimi-nuer ces inquiétudes, & le mauvais effet qu'elles produifent, les larmes en fe-roient auffi moins fréquentes, ce qui eft encore une raifon d'un grand poids ; car on fçait que les pleurs exceffives deffe-chent le cerveau, & enflamment les parties de l'œil.

J'efpere que les Maîtres cenfés pren-dront ces avis de bonne part ; leurs Inf-tructions, quelques excellentes qu'on les fuppofe, ne fçauroient compenfer le dépériffement d'un fens auffi utile que la vûe. Au refte l'attention qu'on peut exiger d'eux en ce genre n'eft pas bien pénible. Il ne s'agit d'abord que de diftinguér parmi les enfans qui font confiés à leurs foins, ceux qui ont la vûe plus foible de ceux qui l'ont plus forte. Les premiers doivent être plus ménagés, & traités avec plus d'indulgence.

Il fera aifé de connoître le point de vûe d'un commençant, en remarquant la diftance qu'il prend pour regarder fon livre dès la premiere leçon ; car alors la crainte n'a pas encore fait d'impreffion fur lui ; l'amour de la nouveauté, ou la curiofité, eft pour lui un puiffant attrait, qui écarte ordinairement la géne de fes premiers exercices.

Si le fujet paroît fi timide qu'on ait lieu de foupçonner le contraire, il faut ufer d'adreffe, & l'épier dans quelque moment de bonne humeur, ou de récréation, pour fçavoir précifément à quoi s'en tenir. Le point de vûe de l'enfant étant une fois connu, il faut l'obliger à n'en pas fortir, lorfqu'il lit, ou lorfqu'il écrit. Mais il eft bon de remarquer que les enfans y regardent ordinairement de plus près lorfqu'il s'agit

d'écrire, à cause de la double application de la main & de l'œil que demande
cet exercice. C'est pourquoi les Maîtres redoubleront alors de vigilance.

CHAPITRE HUITIEME.

Précis des réflexions les plus impor-
tantes sur l'usage des Lunettes,
& de la gradation qu'il y faut
observer.

COmme la longueur de cette Instruction sur les Lunettes pourroit détourner quelques personnes de la lire en
entier, j'ai cru qu'il étoit à propos de
terminer ce Traité par un précis des
points les plus importans, pour la conservation de la vûe, en faveur de ceux
qui sont obligés de se servir de Lunettes.
   L'article essentiel en cette matiere
consiste à bien connoître son point de
vûe, & à se choisir des Conserves ou
Lunettes

Lunettes qui lui foient exactement proportionnées : & afin que perfonne ne puiffe s'y tromper, on remarquera, 1°. Que les premieres Conferves à l'ufage des vûes longues, doivent être telles qu'elles ne groffiffent prefque pas l'objet. Quant aux vûes courtes, comme elles ne peuvent être foulagées que par des verres concaves, qui diminuent l'apparence des objets, leurs premieres Conferves ne fçauroient l'augmenter, mais elles doivent le diminuer très-peu. Ici la clarté & la diftinction que la Lunette produit dans la vûe des objets, compenfe avec ufure la diminution du diametre, & par·là foulage réellement les vûes courtes.

2°. A mefure que l'âge ou les maladies affoibliffent notre vûe, on a recours à des verres plus concaves, ou plus convexes ; mais il faut être attentifs à ne pas excéder le degré qui nous eft néceffaire. On peut aifément connoître qu'une Lunette eft trop forte relativement à notre difpofition actuelle,

X

lorfque les yeux fouffrent ou reffentent quelque douleur en s'en fervant, ou bien lorfqu'on eft obligé de rapprocher exceffivement l'objet.

Ceux qui auront foin de fuivre régulierement la gradation des divers foyers que l'art peut fournir, conferveront toujours la faculté de voir les objets à la diftance naturelle. On ne craint pas de dire que toutes les Lunettes qui nous écartent de cette diftance, font irrégulieres, foit abfolument par le défaut de la matiere & de la façon, foit relativement & par rapport à notre point de vûe.

Suppofons donc ce qui arrive en effet le plus ordinairement, que quelqu'un qui commence à avoir befoin de Conferves, en prenne une de fix pieds de foyer, comme la plus conforme à fon point de vûe, & en même tems la plus jeune, c'eft-à-dire, la moins forte que l'on puiffe donner : cette premiere Conferve lu fuffira pendant plufieurs années, après lefquelles, s'il s'apperçoit que

fa vûe n'en eft pas aſſez foulagée, & que
fes yeux font effort pour s'en aider ; il
aura recours aux Lunettes de 5 , de 4 ,
ou même de 3 pieds de foyer. C'eſt ſur-
tout à la lumiere dont on ſe ſert pendant
la nuit, qu'on remarque plus ſûrement
l'inſuffiſance des premieres Lunettes.
Souvent même il arrive que celles qui
font bonnes le jour , ne ſuffiſent pas à la
lueur des bougies ou des chandelles ,
dont la lumiere eſt bien inférieure à celle du Soleil. En ce cas il n'y a pas de
difficulté à ſe ſervir de deux foyers
différens ; l'un pour le jour , & l'autre
pour la nuit. Si l'affoibliſſement de l'organe nous contraint à changer de foyer ;
il faudra remplacer la Lunette de jour
par celle de la nuit , & ſubſtituer un
foyer plus actif à cette derniere. Par
exemple, ſi l'on ſe ſert d'un verre de
3 pieds de foyer pour le jour , & de 30
pouces pour le ſoir , lorſque ces Lunettes deviendront inſuffiſantes , il ſera bon
de prendre pour le jour des verres de 30
ou même 24 pouces, & pour le ſoir 22
ou 20 pouces, &c.   X ij

Mais il faut prendre garde de ne pas précipiter ces différens degrés, de peur d'abforber trop promptement les reffources de l'art, & d'en venir au point de ne plus trouver de Lunettes affez fortes dans un âge avancé, tems auquel la plus grande confolation qui nous refte, confifte à pouvoir encore lire & écrire avec le fecours des verres optiques.

Un autre moyen de retarder les progrès du dépériffement de la vûe, c'eft de ne jamais faire ufage de Lunettes communes, & achettées au hazard, mais feulement de celles qui font façonnées également des deux côtés avec toute la régularité poffible.

Lorfque le foyer de 20 pouces ne fera plus affez fort pour le foir, il faudra prendre celui de 18, & referver celui de 20 pour le jour, & fucceffivement le foyer de 18 pouces pour le jour, avec celui de 16 pour le foir; enfuite 16 pouces pour le jour, & 14 pour le foir: enfin 14 pouces pour le jour, & 12 pour la nuit. Ce dernier degré eſt celui où l'on reſte plus longtems ; de cent perſonnes auxquelles ce point de vûe eſt avantageux, il y en a au moins quatre-vingts qui continuent à s'en accommoder pendant 10 , 15 à 20 ans.

Achevons notre gradation. Après les verres dont je viens de parler, viennent ceux de 12 pouces pour le jour, & 10 pouces pour le ſoir. On reſte encore aſſez longtems à ce point, à la ſuite duquel il faut uſer de beaucoup de circonſpection. Du verre de 10 pouces de foyer pour le jour, on paſſe à celui de 9 pouces pour le ſoir.

Du 9 pour le jour, au 8 pour le ſoir ; du 8 pour le jour, au 7 pour le ſoir. Ce degré eſt celui auquel communément les perſonnes le plus avancées en âge ſe tiennent pour toujours. Cependant comme il ſe trouve des vûes extrémement foibles, on pourra les aider avec des Lunettes de 7 pouces pour le jour, & 6 pouces pour le ſoir ; 6 pouces pour le jour, & 5½ ou même 5 pouces pour le

X iij

foir : enfin 5 pouces pour le jour, &
4 ½ ou même 4 pouces pour le foir.
Les vûes longues les plus foibles & les
plus baſſes ne paſſent jamais ce dernier
degré, ou du moins rarement.

L'art fournit des ſecours plus abondans aux vûes courtes qui uſent de verres concaves : du foyer de 4 pouces, on
peut les faire paſſer à celui de 3 pouces
& demi ; enſuite du 3 pouces ½ au 3
pouces ; de-là au 2 pouces & demi, 2
pouces & 18 lignes, qui eſt le dernier
foyer des vûes courtes. Il eſt même rare d'en trouver qui puiſſent s'en aider.

On voit par ce que nous venons d'expoſer, que la gradation dans l'uſage des
divers foyers de Lunettes, ſuit la pro-
greſſion des années relativement à l'af-
foibliſſement de la vûe. Ainſi plus on
avance en âge, & plus les foyers des
verres deviennent courts. Si l'on uſe,
par exemple, à 30 ans d'une Conſerve
de 6 pieds, on a beſoin à 60 d'une Lunette d'un pied de foyer. C'eſt pourquoi
les Lunettes du plus long foyer s'appel-

lent les plus jeunes, & celles du plus court, prennent le nom de plus vieilles. Ces dénominations leur font même attribuées dans les cas particuliers qui fortent de la loi ordinaire. Par exemple, il peut arriver, il arrive même fouvent, qu'un homme de 40 ans, à raifon de la foibleffe de fa vûe, a befoin d'une Lunette plus vieille, qu'une autre âgé de 70 ou 80, & au contraire.

J'ai parlé au Chapitre 7ᵉ de cette feconde partie, d'une efpece d'abat-jour propre à conferver la vûe des gens d'étude. Ceux qui portent des Lunettes peuvent s'en fervir utilement pour écarter les rayons inutiles qui partent des objets environnans & étrangers à celui que l'on veut obferver; & portent leurs images fur les bords antérieurs ou citérieurs de la Lunette; ce qui inquiéte & caufe des diftractions lorfqu'on étudie. Je fuis perfuadé que les perfonnes qui font dans le cas ont fouvent éprouvé cet inconvénient. Ils peuvent faire l'effai de l'abat-jour que je propofe, à peu de frais.

X iv

Maniere de conferver le poli des verres.

Les meilleurs verres & les plus réguliers fe terniffent aifément par l'ufage ;
l'attouchement, ou la tranfpiration du
vifage, leur ôte le poli, en introdui-
fant dans les pores une efpece de graiffe, qui forme un voile, au travers duquel on ne voit plus les objets fi commodément, ni fi diftinctement, & qui
peut même préjudicier à la vûe par l'effort qu'elle occafionne.

Pour diffiper cette graiffe, & rétablir la tranfparence des verres, prenez
un peu d'efprit de vin qui ne foit pas
éventé, ou même de bonne eau-de-vie,
& lavez-en vos verres, que vous effuierez
d'abord des deux côtés avec un linge
bien propre ; & plus exactement enfuite avec un morceau de gand de caftor,
ou de peau blanche. Cette leffive rend
les verres auffi brillans que s'ils fortoient
des mains de l'Artifte. Les verres des
Lunettes d'approche ont befoin d'être
ainfi lavés de tems en tems, pour em-

porter la pouffiere qui s'y attache, à l'aide de l'humidité répandue dans l'air, ou de la tranfpiration de ceux qui s'en fervent.

CHAPITRE NEUVIEME.

Differtation fur le retabliffement de la vûe dans quelques perfonnes avan- cées en âge.

RIen de plus étonnant que le Phé- nomene dont il eft ici queftion; conformément à la difpofition de nos corps, qui ne font pas faits pour fubfi- fter toujours dans le même état, l'organe de la vûe s'affoiblit infenfiblement avec l'âge. Or dans le tems que cette mê- me caufe, qui acquiert chaque jour de nouvelles forces, femble nous me- nacer d'une privation totale, il arrive quelquefois que la vûe des vieillards fe rétablit, & reprend prefque entierement fa premiere vigueur.

J'ai fervi plufieurs perfonnes très-
âgées, qui après avoir fait un long ufage des Lunettes convenables à leur
fituation, au lieu d'en prendre d'autres
d'un foyer plus court, ont été obligées
d'en prendre de plus jeunes, & font
parvenues fucceffivement au point d'u-
fer des premieres Conferves, qui font
celles de fix pieds de foyer, ou même
de les abandonner abfolument, les forces de leur organe étant fuffifantes pour
fe paffer de tout fecours étranger.

Ce retabliffement de la vûe n'eft pas
toujours fucceffif; il y a des vieillards
qui ceffent tout à coup d'avoir befoin
de Lunettes; mais il ne joüiffent pas fi
longtems de cet avantage fingulier. On
peut comparer leurs yeux à ces lampes
qui jettent un grand éclat au terme de
leur entiere extinction.

Pour expliquer ce jeu de la nature,
qui femble tenir du prodige, il faut d'a-
bord fe rappeller la différence qui eft
entre les vûes longues & les vûes courtes. Ces dernieres font telles, à caufe

de la trop grande convexité du criftallin, qui nous oblige à leur donner des
verres concaves pour corriger cet excès. Or il n'eft pas difficile de conce-
voir que l'âge venant à deffecher la
cornée, & à relacher les fibres, diminue la convexité de l'œil, & par conféquent le befoin des Lunettes, par rapport aux vûes courtes dont nous parlons,
tandis que les vûes longues fe raccour-
ciffant tous les jours, & par la raifon
contraire, font obligés de prendre
des Lunettes plus fortes qu'elles ne fai-
foient auparavant.

C'eft par le même principe qu'il faut
juger du redreffement de la vûe dans les
perfonnes louches. Les mufcles optiques n'ayant pas dans les vieillards la vigueur & la foupleffe qui fe trouvent dans
les organes des jeunes gens, ne peuvent plus obéir à la mauvaife habitude qui donnoit de l'obliquité aux axes
de vifion.

Cette explication eft confirmée par
l'expérience, qui nous démontre que les

vûes courtes & louches éprouvent plus
communément la reftitution dont il s'a-
git. Il n'en eft pas de même des vûes
longues ; le phénomene du retabliffement eft affez rare à leur égard, ou du
moins il l'eft bien davantage qu'à l'é-
gard des vûes courtes.

Il faut conclure de-là, qu'il n'eft pas
ifé de découvrir la caufe qui rend aux
vûes longues leur premiere activité. Je
ne craindrai pas néanmoins de dire ce
que j'en penfe, en attendant que quelque habile Phyficien nous donne fur ce
fujet des lumieres plus vives & plus
abondantes.

C'eft ordinairement dans l'âge viril
que les vûes longues commencent à
s'affoiblir ; cette altération peut être at-
tribuée à la chaleur du tempéramment
qui eft alors dans toute fa force, & qui
deffeche peu à peu la lymphe dont les
membranes & les humeurs de l'œil font
abreuvées. Les fibres & les autres ref-
forts de cet organe ainfi deffechés, &
privés de la liqueur active, qui en faci-

litoit le jeu & le mouvement, perdent infenfiblement leur élafticité, d'où s'enfuit, ou l'applatiffement du criftallin, ou le relachement du tiffu de la rétine, ou même l'un & l'autre enfemble. L'applatiffement du criftallin fait que les rayons de lumiere fe réuniffent moins promptement, & nous engage à recourir aux verres convexes. D'autre part le relachement du tiffu de la rétine détruit le rapport exact d'une certaine diftance qui doit fe trouver entre cette membrane, fur laquelle fe peint l'image des objets, & les humeurs de l'œil où fe brifent les rayons lumineux, ce qui rend la vifion confufe, & en dérange confidérablement l'œconomie.

Cette chaleur funefte à la vûe caufe plus de ravage dans les tempérammens bilieux, parce qu'ils font les plus ardens : mais la vieilleffe venant à fuccéder à l'âge viril, ce feu diminue de jour en jour ; les membranes & les mufcles optiques s'imbibent de l'humeur qui y afflue deformais fans obftacle, & reprenant leur foupleffe , retabliffent la convexité du criftallin ; la même humeur en s'infinuant dans la rétine qui tapiffe le fond de l'œil , la gonfle & raccourcit fes dimenfions ; dès lors l'organe ayant recouvré fon ancien état, la vifion s'exécute avec la même facilité que dans la jeuneffe.

Il eft vrai que cette admirable reftitution n'eft pas d'une égale durée dans les différens fujets , & que dans ce renouvellement même la vifion , quoique peut-être auffi parfaite , ne s'exécute pas dans le degré de force & de confiftance dont on joüiffoit au premier âge : la raifon de cette différence fe tire du changement que le tems apporte aux parties infenfibles de nos corps. Les organes s'ufent par leurs propres opérations, à caufe des frottemens continuels qu'elles leur font effuyer. Qu'on ne foit donc pas furpris que la vûe , quoique rétablie, d'un vieillard, ne foit pas capable des mêmes efforts, qui lui paroiffoient un jeu dans un âge moins avancé. C'eft pourquoi ceux qui ont le bonheur d'éprouver l'heureux changement qui fait la matiere de ce Chapitre, doivent être extrémement attentifs à ménager cette nouvelle vûe, s'ils veulent conserver plus longtems ce bienfait peu attendu, dont la nature les gratifie dans leur vieillesse.

CHAPITRE DIXIEME.

Difficultés d'Optique proposées aux Sçavans.

TOut ce que j'ai dit sur l'usage des Lunettes & des Conserves, ne me paroît pas suffisant pour resoudre quelques difficultés qui m'arrêtent quelquefois dans la pratique. Je vais les exposer naïvement, avec les réponses que je me suis faites à moi-même. Comme ces réponses ne me contentent point, j'espere que les Sçavans voudront bien m'aider de leurs lumieres, & me four-

nir en faveur de l'intérêt public des fo-
lutions plus profondes & plus recher-
chées.

Premiere difficulté.

Une longue expérience m'a appris
que l'ufage des Lunettes eft avantageux
à la plus grande partie des hommes;
qu'il y en a cependant quelques-uns qui
n'en tirent aucun foulagement, & d'autres qui s'en trouvent incommodés.
Quelles font les caufes de cette exception?

Réponfe.

Il eft certain que les verres bien faits
facilitent la réunion des rayons de la
lumiere, s'ils font convexes, & les
rendent divergens, s'ils font concaves;
il doit donc paffer pour conftant, qu'en
général les premiers font utiles aux
vûes longues qui s'affoibliffent, & les
derniers aux vûes courtes.

Mais comme la fouplefie des organes n'eft pas égale dans tous les hommes,

mes, il arrive que plufieurs de ceux qui ont befoin de Lunettes s'en fervent d'abord avec peine, & ne s'y accoûtument pas aifément; jufques-là que quelques-uns les rejettent avec obftination, & aiment mieux s'expofer au dépériffement total de leur vûe, que d'emprunter un fecours qui leur paroît trop génant.

Refte à fçavoir s'ils ont raifon d'en ufer ainfi, & s'ils ne feroient pas mieux de vaincre leur répugnance. Je crois qu'il eft bien peu de ces perfonnes dont les organes foient affez délicats pour être réellement bleffées par l'ufage des Lunettes bien faites.

A l'égard de ceux qui regardent les Lunettes comme inutiles, quoiqu'ils foient dans le cas de ceux qui paroiffent en avoir befoin : ne peut-on pas dire que leur opinion eft fondée, fur ce qu'ils n'ont point encore pû trouver de Lunettes affez proportionnées à leur point de vûe ? Sans doute que leur organe eft tellement conftruit, que le moindre défaut dans cette proportion, anéantit à leur égard l'effet des verres optiques. Je penfe, qu'ils ne doivent pas fe rebuter, & qu'à force d'effayer différens verres, ils en trouveront enfin d'une courbure convenable à leur difpofition. Voyez ce qui a été dit au Chapitre troifiéme de cette feconde partie, article des Lunettes biconvexes.

feconde difficulté.

Ceux qui ne fe fervent point de Lunettes, font plus communement fujets à perdre enfin totalement la vûe, que ceux qui en font ufage, dès qu'ils en fentent le befoin ; quelle en eft la raifon ?

Réponfe.

Cette obfervation, qui eft très-favorable au débit des Lunettes, nous prouve qu'elles foutiennent la vûe, & donnent aux fibres & aux mufcles optiques un certain repos qui conferve plus long-tems leur reffort ; il en eft peut-être comme du bâton fur lequel les vieillards s'appuyent en marchant. On voit qu'il n'eft point ici queftion du fecours actuel que la Lunette procure par la réunion plus ou moins prompte des rayons de lumiere ; mais qu'il s'agit du foulagement habituel que l'œil en reçoit.

Sur ce pied-là nous devons rendre à la Providence de grandes actions de graces, pour la découverte des Lunettes. Nos peres ont été privés de ce bienfait ineftimable, qui, fans parler de l'avantage perfonnel que nous pouvons en retirer, nous met à portée de joüir plus longtems du fruit des études d'une infinité d'habiles gens.

Troifiéme difficulté.

J'ai remarqué plufieurs fois, avec un grand étonnement, que le même verre convexe ou concave d'un certain foyer, produit des effets différens fur des vûes longues ou courtes, dont l'état femble à tous egards exiger la même courbure ; enforte que ce verre donne aux uns la

vûe de l'objet au point juste de son foyer;
aux autres elle la donne à une distance
double, triple, ou quadruple, &c.

Par exemple, j'ai rencontré des vûes
longues qui me paroissoient d'une force
égale, dont l'une néanmoins, avec un
verre de 12 pouces de foyer, voyoit
l'objet à la distance de 12 pouces, tandis que l'autre le voyoit à 18 pouces.

J'ai éprouvé quelque chose de plus
surprenant encore dans des vûes courtes, dont l'une, avec le même verre
d'un pied de foyer, voyoit à un pied de
distance l'objet que l'autre voyoit à 12
pieds. 1°. D'où peut provenir cette différence ? 2°. Ne courre-t-on aucun risque en faisant valoir tout le produit du
verre & dans toute son étendue; ou faut-il
prendre un milieu dans le choix des verres,
& préférer celui qui étant d'un foyer plus
long, donneroit la vûe de l'objet à une
moindre distance ? Je ne parle pas ici
de ceux qui ne pourroient point voir
l'objet à cette distance moindre; car il
est évident qu'un verre de 6 pouces de

foyer, par exemple, qui feroit capable de porter la vûe de l'objet à cent pieds, feroit préférable, toutes chofes égales, à celui d'un foyer plus long. Je demande donc s'il ne faudroit pas ménager ceux qui voyent bien à une diftance moindre, en ne leur permettant pas de donner à leur vûe tout l'effor que les verres optiques peuvent faciliter.

Réponfe à la premiere queftion.

Les caufes naturelles n'ont qu'une même maniere d'agir fur des fujets parfaitement femblables ; par conféquent fi le même verre produit des effets différens fur certaines vûes, il faut de toute néceffité que ces vûes foient differemment difpofées.

Il eft vrai, & c'eft en quoi confifte la difficulté, que les indications extérieures font des preuves très-équivoques des difpofitions internes & infenfibles. Les premieres peuvent être femblables dans deux fujets, qui pour cela paroiffent exiger des verres d'un pareil foyer,

tandis que les dernieres font très-diffé-
rentes. L'examen de ces difpofitions
internes n'eft pas du reffort des Artiftes,
il appartient fans doute à la Phyfique,
ou à la Médécine. Il me fuffira donc
de remarquer ici, que deux perfonnes
peuvent à la fimple vûe voir un objet
diftinctement à la même diftance, comme de fix pieds ; mais que cet effet peut
provenir dans chacune d'une configuration différente dans l'organe ; l'un,
par exemple, aura le criftallin d'une certaine courbure, qui rend l'objet à la diftance fufdite ; l'autre aura le criftallin
d'une courbure plus ou moins grande ;
mais en recompenfe la rétine fera plus
ou moins diftante du criftallin. C'eft
ainfi que des caufes équivalentes, quoique diverfes, produifent un effet pareil.

Or fi je donne à ces deux perfonnes
des verres d'une égale courbure, on ne
fera pas furpris qu'ils produifent fur chacune des effets différens.

Réponse à la seconde question.

Maintenant pour décider s'il est à propos de permettre à l'organe tout l'essor que le verre de Lunette peut lui donner, je n'ai qu'un mot à dire ; sçavoir, qu'il faut s'en rapporter à l'expérience.

Si cet essor ne géne point la vûe, & s'il ne l'altére point, ce qu'on peut aisément connoître par l'usage, quoi de plus naturel que de profiter de cet avantage ?

Si l'on sent au contraire quelque altération dans la vûe, occasionnée par la trop grande étendue que lui donne un certain foyer, il faut en user ici comme ailleurs ; c'est-à-dire, se restraindre à un point mieux proportionné à la délicatesse des fibres.

En général, rien ne seroit plus utile en cette matiere, que de pouvoir connoître précisément le degré de force dont les fibres qui composent les muscles & les tuniques de l'œil sont suscep-

Y iv

tibles dans les perſonnes qui implorent le ſecours de notre Art, de même que la courbure de leur criſtallin, afin d'y proportionner les ſoulagemens que ce même Art nous fournit, & de ménager la vigueur naturelle des parties de l'organe. En attendant que les Sçavans approfondiſſent ce ſujet, qui me paroît digne de leur application, nous ſommes obligés de nous en tenir à une eſpece de tatonnement, guidé par les connoiſſances-pratiques que l'expérience nous fournit.

F I N.

DETAIL

DES MARCHANDISES
qui se vendent chez l'Auteur, au Miroir ardent, entre la Fontaine S. Bénoît & le College du Plessis, rue S. Jacques à Paris.

LEs personnes qui voudront bien m'honorer de leur confiance, trouveront chez moi tous les Ouvrages qui sont du ressort de l'Optique ; sçavoir, des Conserves & Lunettes de toutes sortes de foyers, travaillées des deux côtés, propres aux vûes longues, courtes, ou basses, en verre blanc & de couleur, les plus avantageuses pour la vûe. Des Gardes-vûes garnis de taffetas verd, pour lire le soir à la lumiere, & pour se garentir des réflexions trop fortes du grand jour. Des Verres pour les vûes qui ont souffert l'opération de la Cataracte. Des Monocles ou Lunettes à la main. Des Lunettes montées en écaille & en cuir apprété, à ressort d'or, d'argent, & d'acier, à la maniere d'Angleterre, très-propres & très-commodes. Des Lunettes à branches d'argent & d'acier, qui tiennent sur les temples, & n'ôtent point la liberté de respirer. Des Portes-Lunettes d'argent & d'acier. Des Bezicles pour empêcher les enfans de tourner la vûe, & de devenir louches. Des demi-Masques à deux verres pour aller en campagne, & défendre les yeux du froid, du vent, & de la poussiere, très-commodes pour ceux qui courent la poste. Toutes sortes de Verres propres à grossir ou diminuer les objets, en les rendant plus sensibles; c'est-à-dire, en les faisant appercevoir plus clairement & plus distinctement. Des Loupes pour déchiffrer des vieilles écritures, & qui peuvent encore servir de Microscopes ou de Lunettes à la main, très-utiles aux Graveurs, Horlogers, Cizeleurs, & autres Ouvriers qui veulent pousser leurs ouvrages au dernier point de perfection, dont ils sont susceptibles. Bilouppes pour la Botanique. Des Verres à facettes qui multiplient les objets, propres aux Graveurs en Taille-douce. Des Verres triangulaires ou Prismes, utiles aux Peintres & à tous ceux qui veulent faire des expériences sur les couleurs. Des Verres propres à diminuer les objets pour les Peintres en miniature. Des Lunettes d'approche de toutes sortes à deux & à quatre verres, pour observer le Ciel, la Terre, ou la Mer. Des Lunettes de poche montées en or, en argent, & en cuivre, dorées d'or moulu, garnies de leurs étuis en Chagrin, Requien, Roussette, & façon de Chagrin. Des Microscopes de toutes sortes, grands & petits, propres à observer les parties des Solides & des Fluides, & la circulation du sang dans les Animaux, ou de la seve dans les Plantes. Des Miroirs ardens de glace

& de métal, propres à allumer du feu
par le moyen du Soleil. Des Verres ardens qui produifent le même effets par
réfraction. Des Miroirs qui groffiffent
les objets, & qui fervent à examiner
fi l'on eft rafé exactement; on les emploie auffi pour fe nétoyer les dents.
Des Miroirs multiplicateurs. Des Cylindres de métal poli, avec des Cartes tracées felon les régles de l'Optique par
les meilleurs Deffinateurs. Des Cônes
& Cylindres à pans de métal poli. Des
Perfpectives illufoires garnies de divers
tableaux. Des Boëtes optiques, dites
Chambres noires, propre à tracer des
deffeins de Perfpectives. Des Lanternes
magiques, avec toutes fortes de Gro-
tefques peints fur le verre. Des Perfpectives amufantes, qui rappellent les
objets de bas en haut, & rendent pa-
rallelles ceux qui font perpendiculaires les uns aux autres. Enfin toutes
fortes d'Ouvrages qui appartiennent à
la Dioptrique, ou à la Catoptrique.

TABLE 349

TABLE

Des Titres contenus dans cet Ouvrage.

NOTIONS PRELIMINAIRES.

SECONDE PARTIE.

Z

F I N.

TABLE

DES MATIERES

Contenues dans cet Ouvrage.

A.

B.

Z iij

D.

E.

F.

G.

H.

L.

O.

R.

S.

T.

V.

A a

l'excès ou l'irrégularité de la courbure des verres, peut procurer à tout
le globe de l'œil. Et le cas dans lequel
les Lunettes peuvent être extrémement
nuifibles, c'eft lorfqu'on a haché le
criftallin avec fa capfule, (ce qui arrive
toujours, lorfque la Cataracte eft *adhe-*
rente,) plufieurs lambeaux fe trouvant
repréfentés au fond de l'œil par la furface du verre, qui au lieu d'être un moyen
de fenfation plus exacte & plus réguliere, devient par fa proximité immédiate de l'organe, un obftacle très-préjudiciable par tous les ébranlemens que
l'image de tous ces lambeaux occafionne fur la rétine.

Secondement, l'humeur vitrée ayant
pris la place de la criftalline, & étant
moins denfe qu'elle, eft plus fujette
avec le tems à devenir plus convexe;
dans lequel cas nous fommes obligés
alors de donner des verres d'un foyer
plus long que nous n'en aurions donné quinze jours après l'opération. Importante raifon de différer l'ufage des

Pagination incorrecte — date incorrecte

NF Z 43-120-12

Lunettes, pour apprendre par le tems l'espece de courbure que prendra l'humeur vitrée , pour décider d'une maniere plus sure pour les malades le foyer des verres qui leur sera le plus avantageux.

Derniere raison. Il arrive quelquefois en abattant la Cataracte , surt-tout lorsqu'elle est *laiteuse* , une extravasion de liqueurs , qui trouble la limpidité de toute la substance de l'œil , de façon que les rayons de la lumiere ne peuvent nous donner que des images confuses des objets ; il faut donc aussi attendre la clarification des liqueurs des yeux.

Je n'ai rien à dire de particulier touchant la sixiéme classe , qui est composée des personnes sujettes à cligner les yeux, si ce n'est qu'il convient de leur donner des verres concaves , qui serviront à écarter une partie des rayons dont la trop grande abondance les fatigue. Mais il faut ici, comme ailleurs, avoir égard dans le choix des verres à la force

On diftingue dans le globe de l'œil trois membranes propres, & trois humeurs différentes.

La premiere membrane ou tunique, s'appelle la *Cornée*; elle eft tranfparente dans fon milieu, & affez femblable à de la corne; c'eft pourquoi on la nomme *Cornée*. Le refte de la membrane eft opaque, & porte le nom de *Sclerotique*, ou *Cornée opaque*.

Sous cette premiere enveloppe il y en a une autre qu'on appelle *Uvée*, qui eft de même opaque, mais qui eft percée dans le centre d'une ouverture exactement ronde, laquelle s'élargit ou fe retrecit, pour n'admettre que la quantité néceffaire de rayons de lumiere. Cette ouverture s'appelle *la Prunelle*, & les fibres qui l'environnent, fervent par leur tenfion ou par leur relachement à augmenter ou diminuer fon diametre; l'un ou l'autre de ces mouvemens font involontaires. Lorfque nous fommes dans un lieu obfcur, la prunelle s'élargit d'elle-même, pour donner entrée à un plus grand nombre de rayons; mais lorfque

*

nous fommes placés au grand jour, comme en plein midi, par un tems clair & ferain, cette ouverture devient plus petite, afin que l'œil ne foit pas bleffé par une trop grande abondance de lumiere. De-là il eft aifé de reconnoître la bonne ou la mauvaife difpofition d'un œil. Après avoir abaiffé la paupiere fupérieure, faites-là relever promptement : fi vous voyez alors la prunelle changer de diametre en fe retreciffant fubitement, l'œil eft fain : fi ce changement fe fait avec lenteur, la vûe eft foible : fi la prunelle eft immobile, c'eft un figne d'aveuglement.

Cette feconde membrane s'appelle *Uvée*, parce qu'elle reffemble au grain de raifin : en Latin *Uva*. Les couleurs dont elle eft enduite s'appellent *Iris*. Les uns l'ont bleue ou rouffe ; d'autres d'un gris tirant fur le verd, ou fur le noir. Le tiffu qui fert de continuation à l'Uvée, & qui tapiffe tout l'intérieur du globe de l'œil avec la Sclerotique, s'appelle *Choroïde*.

Devant & derriere l'Uvée on trouve d'abord une liqueur claire & tranfparente comme de l'eau, dans laquelle

ERRATA.

PAge 3. ligne 4. A. A. en un cercle, lisez A. A. est un cercle.
    Ibid. l. 10. paissent, lisez passe.
Page 9. l. 14. dans la Catoptrique : lisez Dans la Catoptrique.
Ibid. l. 19. refléchir. L'image des objets, lisez refléchir l'image des objets.
Page 54. l. 2. lui faire, lisez lui fait.
Ibid. derniere ligne, en parlant, lisez en partant.
Page 59. l. 11. fourbure, lisez courbure.
Ibid. l. 12. l'arsenil, lisez l'arsenic.
Page 73. l. 6. la ratine, lisez la rétine.
Page 92. l. 18. mettez un point après le mot naturelle.
Ibid. l. 14. qui n'a, lisez qui n'ayant.
Page 95. l. 13. se placent, lisez se place.
Ibid. l. 16. les autres premiers, lisez les autres le mettent le premier.
Page 116. l. 9. il ne peut, lisez ils ne peuvent.
Page 135. l. 22. jusqu'à ce qu'il s'en augmentent, lisez jusqu'à ce qu'il en augmente.
Page 160. l. 18. mettez une virgule au lieu du point qui est après le mot l'œil.
Page 203. l. 11. très-extraordinaire, lisez très-ordinaire.
Page 216. l. 11. & 12. de pareilles effets, lisez, de pareils effets.
Ibid. l. 15. contribue, lisez contribuent.
Page 219. l. 13. de vêtir, lisez de se vêtir.
Ibid. l. 13. Cilla, lisez Scylla.
Page 223. l. 2. après cristallin, ajoûtez : celles de celui-ci conduisent souvent aux Cataractes.
Page 229. l. 9. & fait, lisez & font.
Page 249. l. 12. & 13. Lunettes biconves, lisez Lunettes biconvexes.
Page 251. l. 4. Lancetiers, lisez Lanstiers.
Page 266. l. 18, biconves, lisez biconvexes.
Ibid. l. 22. des vûs, lisez des vûes.
Page 271. l. 12. si l'opération, lisez, si dans l'opération.
Page 274. l. 5. essentiel, lisez essentielle.
Ibid. l. 14. & à l'humeur, lisez & dessous l'humeur.
Page 293. l. 16. les empêche, lisez les empêchent.
Page 298. l. 16. qui se présente, lisez qui se présentent.
Page 301. l. 6. Lanscetiers, lisez Lanstiers.

APPROBATION.

J'AI lû par ordre de Monseigneur le Chancelier, un Manuscrit intitulé, *Traité d'Optique Méchanique, dans lequel on donne les régles & les proportions qu'il faut observer pour faire toutes sortes de Lunettes d'Approche, Microscopes simples & composés, & autres Ouvrages qui dépendent de l'Art. Avec une Instruction sur l'usage des Lunettes ou Conserves pour toutes sortes de vûes,* par M. Mitouflet Thomin, *Ingénieur en Optique, de la Société des Arts,* & je crois que l'Impression en sera utile au public. A Paris ce 29. Juin 1749.

CLAIRAULT
de l'Académie Royale des Sciences.

PRIVILEGE DU ROI.

LOUIS par la grace de Dieu, Roi de France & de Navarre : A nos amés & féaux Conseillers les Gens tenans nos Cours de Parlement, Maître des Requêtes ordinaires de nôtre Hôtel, Grand-Conseil, Prévôt de Paris, Baillifs, Sénéchaux, leurs Lieutenans Civils, & autres nos Justiciers qu'il appartiendra, SALUT. Notre amé le Sieur ** Nous a fait exposer qu'il desireroit imprimer & donner au Public un Ouvrage qui a pour titre, *Traité d'Optique Méchanique, dans lequel on donne les régles & les proportions qu'il faut observer pour faire toutes sortes de Lunettes d'approche, Microscopes simples & composés, & autres Ouvrages qui dépendent de l'Art. Avec une Instruction sur l'usage des Lunettes ou Conserves pour toutes sortes de vûes,* par M. Mitouflet Thomin, *Ingénieur en Optique, de la Société des Arts* : s'il Nous plaisoit lui accorder nos Lettres de Privilege pour ce nécessaires. A CES CAUSES, voulant favorablement traiter l Exposant, Nous lui avons permis & permettons parces Presentes, de faire imprimer ledit Ouvrage en un ou plusieurs Volumes, & autant de fois que bon lui semblera, & de le faire vendre, & débiter par tout notre Royaume pendant le tems de *trois années consécutives*, à compter du jour de la date des Présentes. Faisons défenses à tous Libraires, Imprimeurs, & autres personnes de quelque qualité & condition qu'elles soient, d'en introduire d'impression étrangère dans aucun lieu de notre obéissance, A la charge que ces Présentes seront enregistrées tout au long sur le Registre de la Communauté des Libraires & Imprimeurs de Paris, dans trois mois de la date d'icelles ; que elle baigne , qu'on nomme pour cette raifon , *humeur aqueufe.*

Au-delà & vis-à-vis de la prunelle, il y a un corps pareillement diaphane, mais folide comme du criftal ; il s'appelle *Criftallin* , & fa figure reffemble à une lentille.

Après le Criftallin la cavité de l'œil fe trouve remplie d'une humeur claire & luifante, dont la confiftance tient le milieu entre la fluidité de l'humeur aqueufe, & la folidité du Criftallin ; & parce qu'elle eft affez femblable à du verre fondu, on la nomme *humeur vitrée.*

Enfin le fonds de l'œil eft tapiffé d'une membrane noirâtre extrémement délicate, qu'on croit être une expanfion du nerf optique. On l'appelle *Rétine*, parce qu'elle eft compofée de fils très-déliés, entrelaffés comme une efpece de retz ou filet.

L'œil a une figure à peu près orbiculaire ; il eft enchaffé dans une emboëture offeufe, comme dans un moule qu'il remplit entiérement, garni de fes mufcles & de fes graiffes, & où il fe meut

néanmoins avec une facilité & une vitesse prodigieuse, afin de se porter vers
les différens objets, sans que nous soyons
obligés de trop remuer la tête.

Les mouvemens de l'œil s'exécutent
par le moyen de six muscles. Le premier sert à élever l'œil ; le second à l'a-
baisser ; le troisiéme dirige cet organe
vers le nez; le quatriéme le ramene vers
l'extrémité appellée le coin de l'œil,
ou *Canthus* ; les deux derniers le meuvent obliquement. Si ces derniers muscles agissent avec une force égale, nos
regards sont droits & réguliers ; mais
si l'un des deux a plus de vigueur que
l'autre, il nous oblige à regarder les objets de travers, ce qu'on appelle loucher. Il faut encore remarquer que les
muscles s'allongent pour recevoir distinctement l'image des objets voisins,
& qu'ils se raccourcissent lorsque nous
considérons les objets éloignés.

Définition de la vûe.

La vûe est un sens ou une faculté de
discerner les objets corporels par le

par la perte du criftallin beaucoup plus baffe que celles des perfonnes les plus avancées en âge. Je n'en ai encore trouvé aucune, qui après l'opération put lire ou écrire une ligne facilement fans ce fecours; & j'en ai vû plufieurs pour qui ces fortes de Lunettes étoient préjudiciables, auxquelles j'ai confeillé de fe bien donner de garde de leur ufage , & de profiter de cette nouvelle vûe, quoique foible, que l'opération feule avoit été capable de leur procurer.

Les verres convexes conviennent donc aux vûes courtes , comme aux vûes longues dans le cas de la Cataracte abattue. L'opération de la Cataracte n'étant autre chofe que l'abaiffement ou la dépreffion de la lentille du criftallin ; l'humeur vitrée prenant alors la place de la criftalline d'une maniere conforme à fa figure lenticulaire, en exerce les fonctions, & retablit par conféquent la vûe; la trop grande convexité naturelle de cette humeur criftalline n'eft donc plus un obftacle à l'ufage des verres convexes. On pourra leur en fournir depuis 4 pouces de foyer jufqu'à 18 lignes pour les plus foibles. S'il y a quelques vûes qui demandent de la régularité pour la courbure des verres, c'eft fans contredit, celles qui ont fouffertes l'opération de la Cataracte. L'Opticien doit fe fouvenir que dans pareil cas, fon verre doit être pour ces perfonnes-là un criftallin artificiel, qui doit par conféquent avoir toute la perfection dont l'art foit capable, autrement il courra les rifques de faire remonter la Cataracte, comme je vais le prouver, & faire perdre le fruit d'une opération quelquefois bien faite.

Quand j'exige qu'on ne donne des Lunettes aux perfonnes opérées que trois mois après l'opération, c'eft pour plufieurs raifons.

Premierement, c'eft que les Lunettes peuvent occafionner le retour de la Cataracte, par la contraction que

l'impreffion dudit Ouvrage fera faite dans notre Royaume &
non ailleurs, en bon papier & beaux caractères, conforme-
ment à la feuille attachée pour model fous le contre-fcel defdites
Préfentes, que l'impétrant fe conformera en tout aux Régle-
mens de la Librairie ; & notamment à celui du 10. Avril 1715.
qu'avant de l'expofer en vente, le Manufcrit qui aura fervi de
copie à l'imprefion dudit Ouvrage, fera remis dans le même
état où l'Approbation y aura été donnée, ès mains de notre
très - cher & féal Chevalier le fieur DAGUESSEAU, Chancelier
de France, Commandeur de nos Ordres ; & qu'il en fera enfuite
remis deux Exemplaires dans notre Bibliothèque publique, un
dans celle de notre Château du Louvre, & un dans celle de
noticedit très cher & féal Chevalier le Sieur DAGUESSEAU, Chancelier de France, le tout à peine de nullité des Préfentes. Du
contenu defquelles vous mandons & e joignons de faire jouir
ledit Expofant ou fes ayans caufe, pleinement & paifiblement,
fans fouffrir qu'il leur foit fait aucun trouble ou empêchement.
Voulons qu'à la copie defdites Préfentes qui fera imprimée tout
au long au commencement ou à la fin dudit Ouvrage, foi
foit ajoûtée comme à l'Original. Commandons au premier notre Huiffier ou Sergent fur ce requis de faire pour l'exécution d'i-
celles tous Actes requis & néceffaires, fans demander autre per-
miffion. & nonobftant Clameur de Haro, Charte Normande,
& Lettres à ce contraires. Car tel eft notre plaifir. DONNE' à
Paris le 30. jour du mois d'Août. l'an de grace mil fept cent
quarante neuf, & de notre Regne le trente-quatriéme. Par le
Roi en fon Confeil.

SAINSON.

Regiftré fur le Regiftre XII. de la Chambre Royale & Syndicale
des Libraires & Imprimeurs de Paris, numero 216. folio 101.
conformément au Réglement de 1723. qui fait défenfe art. 4. à
toutes perfonnes de quelque qualité qu'elles foient, autres que les
Libraires & Imprimeurs de vendre, débiter & faire afficher au-
cuns Livres pour les vendre en leurs noms, foit qu'ils s'en difent
les Auteurs ou autrement, & à la charge de fournir à la fufdite
Chambre huit Exemplaires prefcrits par l'art. 108. du même Re-
glement. A Paris ce 2. Septembre 1749.

G. CAVELIER, Syndic.

Le Relieur aura foin de placer les quatre
Planches à la fin du Volume.

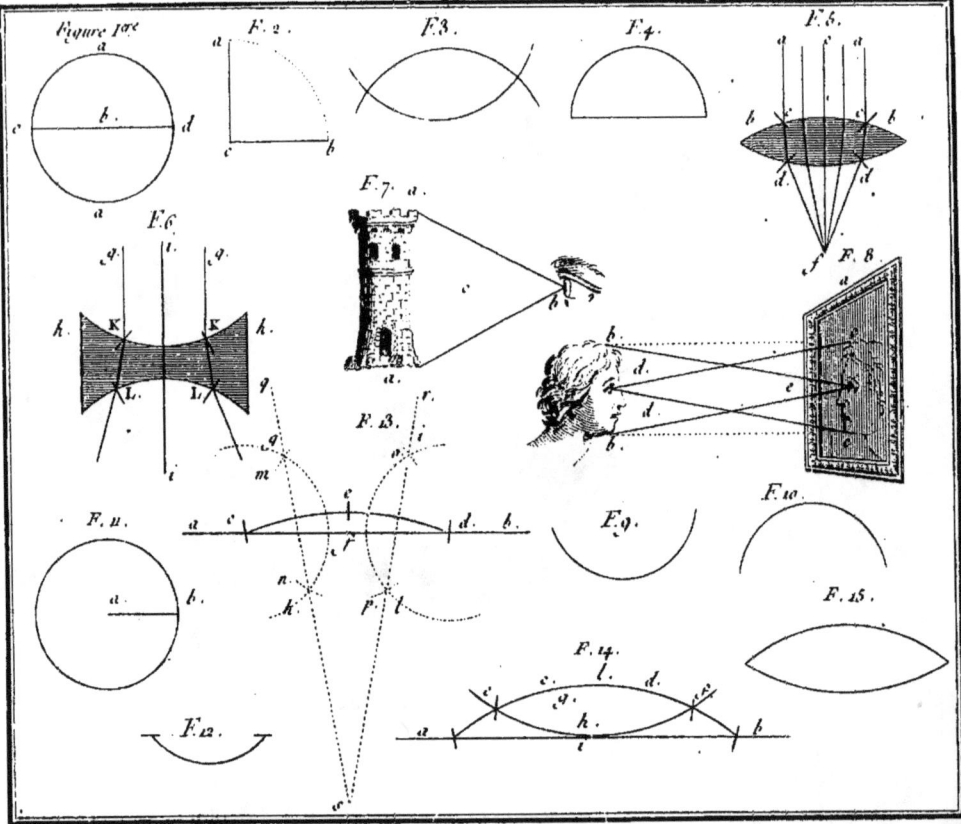

Figure 1.ere   F. 2.   F. 3.   F. 4.   F. 5.

F. 7.

F. 6.

F. 8.

F. 11.   F. 13.   F. 9.   F. 10.

F. 15.

F. 12.   F. 14.

1re Figure

Fig. 2.

A

F. 7.

F. 9.

F. 8.

F. 4.

F. 3. d.

F. 6.

F. 10.

F. 5.

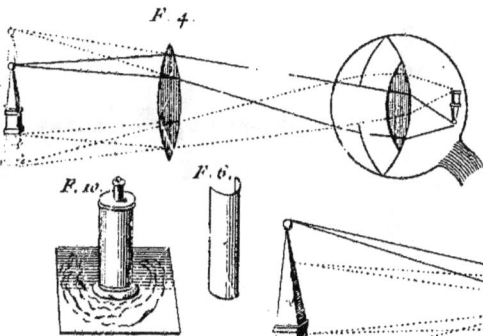
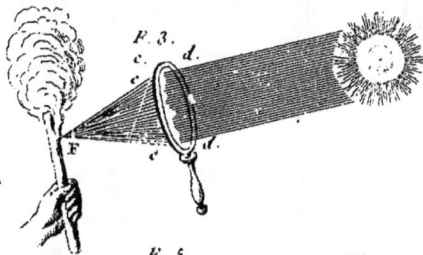
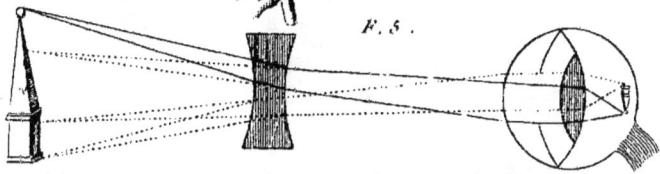

Figure 1ᵉʳᵉ

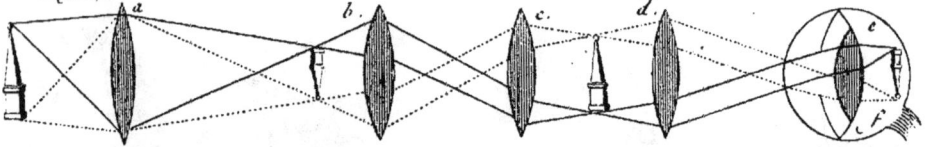

F. 2ᵉ

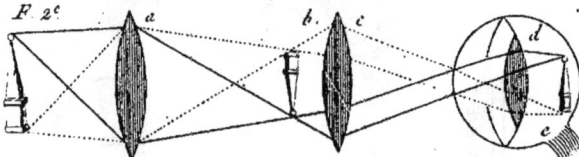

F. 4.

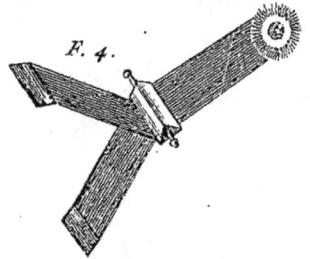

Fig. 3ᵉ

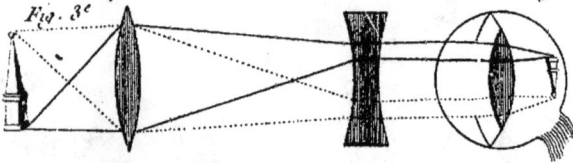

F. 6.

F. 5ᵉ.

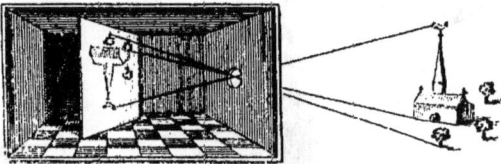

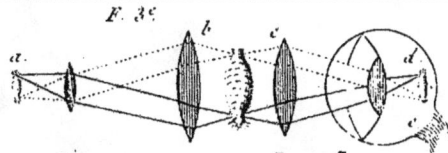

F. 3.

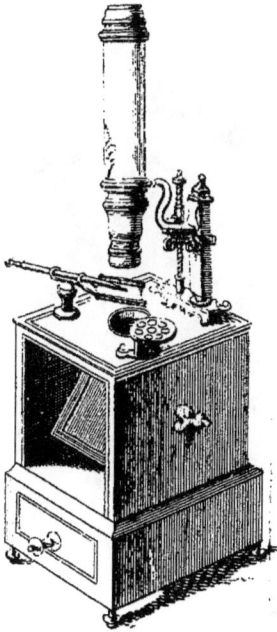

Figure 1.

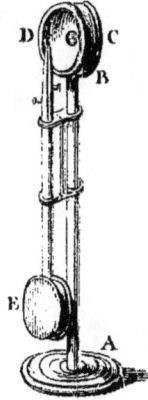

Fig. 2.

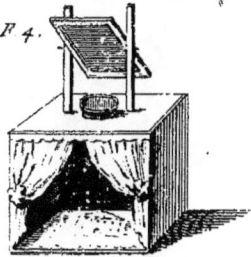

F. 4.

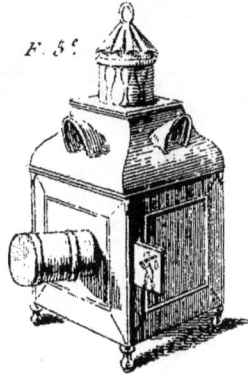

F. 5.

www.ingramcontent.com/pod-product-compliance
Lightning Source LLC
Chambersburg PA
CBHW061009220326
41599CB00023B/3880